目录
CONTENTS

模块一

乡村景观设计入门

单元一

乡村景观概述

学习目标

了解乡村景观的概念，乡村景观设计的意义，乡村景观建设与我国国情的联系；熟悉乡村景观的功能；掌握乡村景观设计原则。

任务学习

课题一 乡村景观的概念

一、乡村的概念

乡村，顾名思义乡村即为农村，《辞源》一书中，乡村的基本含义是指主要从事农业，人口分布较城镇分散的地方；2021 年 6 月 1 日起施行的《中华人民共和国乡村振兴促进法》规定，乡村是指城市建成区以外具有自然、社会、经济和生产、生活、生态、文化等多重功能的地域综合体，包括乡镇和村庄等。

二、景观的概念

景观，指一定区域呈现的视觉效果或景象。《中国大百科全书·地理学》（1990 年版）概括认为，景观是指土地及土地上的空间和物质所构成的综合体，包括自然、经济、文化等方面，是复杂的自然过程和人类活动在大地上的烙印。

三、乡村景观的定义

虽然我国的乡村景观研究起步较晚，开始于二十世纪七八十年代，但是随着时代的发展和社会的进步，人们对美好生活的向往，使得乡村景观的研究成为一个比较新的有广阔前景的研究领域。对于乡村景观的理解，目前没有一个统一的定义。综合各学科的描述，乡村景观是指在乡村地域范围内，以农业特征为主，不同土地单元镶嵌而成的嵌块体，包括农田、果园及人工林地、农场、牧场、水域和村庄等生态系统，是人类在自然景观的基础上建立起来的以自然生态结构与人为特征的综合体。它既受自然环境条件的制约，又受人类经营活动和经营策略的影响。从地域范围来看，乡村景观泛指城市景观以外的具有人类聚居及其相关行为的景观空间；从构成上来看，乡村景观是由乡村聚落景观、经济景观、文化景观和自然环境景观构成的景观环境综合体；从特征上来看，乡村景观是人文景观与自然景观的复合体，具有深远性和宽广性。乡村景观包括以农业为主的生产景观和粗放的土地利用景观，以及特有的田园文化特征和田园生活方式。目前，我国正处于传统乡村景观向现代乡村景观转变的过渡阶段。

综上所述，可以这样来理解乡村景观：①乡村景观是人类文化与自然环境高度融合的景观综合体；②与城市景观相比，乡村景观中人类的干扰强度较低，自然属性较强，自然环境一般在景观构成中占据主体，土地利用粗放、人口密度小、景观具有深远性和宽广性，并以面积较大的农业景观和田园化的生活方式为最大特征；③从地域范围来看，乡村景观是泛指城市以外的景观空间，包括了从都市乡村、城市郊区景观到野生地域的景观范围；④从景观构成上来看，主要由自然景观、聚落景观、产业景观、民俗景观、语言文化景观等构成乡村景观环境整体；⑤乡村景观不仅有生产、经济和生态价值，也具有娱乐、休闲和文化等多重价值。因此，乡村景观的研究范围是乡村地域范围，乡村景观研究的主体是人类聚居活动有关的景观空间，包含了乡村的生活、生产和生态三个层面，即乡村聚落景观、生产性景观和自然生态景观，并且与乡村的社会、经济、文化、习俗、精神、审美密不可分。

四、乡村景观的类型

（一）乡村自然景观

我国幅员辽阔，地形地貌多样，有平原、丘陵、山地、森林、河流、瀑布、湿地等。乡村中拥有的丰富的自然风景资源，同时也是农业生产和生态旅游的资源。乡村自然景观主要由气候、地质、地形地貌、土壤、水文和动植物等自然要素综合构成。气候因素对乡村景观产生了巨大的影响，在不同气候影响下乡村景观会呈现区别较大的识别特征。

乡村自然景观由景观基质、景观廊道和景观斑块构成。

1. 乡村景观基质

指乡村中范围广，连接度高，在景观功能上起着优势作用的景观要素，主导乡村景观外貌的性质。我国乡村景观基质可分为 5 种类型。

（1）山地森林基质　山地森林基质景观在我国分布非常广泛，森林基质中包含丰富的动植物资源。乡村居民主要依靠森林资源进行捕猎、林业采伐、经济林种植、林下经济、森林生态旅游等生产活动。

（2）丘陵混农林基质　丘陵混农林基质景观主要位于我国地势的第二、三级阶梯，由于地形影响，形成了坡上是林地，坡角处建农村住宅，而坡面上是农田的山 - 林 - 宅 - 田的特色丘陵景观。主要包括森林、果园、旱地、水田等景观要素，人们主要从事捕猎、林业、果树种植、水田和旱地耕作等农林业活动。

（3）农田基质　农田基质景观主要分布于秦岭 - 淮河一线以北，中国北方 16 个省、自治区、直辖市旱地面积占全国旱地总数近 74%。农田林网、农田水网景观是农田基质景观的主要特色。

（4）草原基质　草原基质景观主要分布在我国内蒙古地区，是重要的农牧业生产资源，具有重要的生态功能。草原生态环境的好坏不仅影响当地国民经济和社会发展，而且影响全国的环境质量和生态安全。草原上植物资源非常丰富，为畜牧业提供了丰富的牧草，当地居民主要从事畜牧业生产活动。

（5）湿地基质　以湿地作为景观基质的乡村景观是人类大范围开发自然湿地后兴起的一种乡村景观形式，具有自然环境优越、生态系统脆弱，物种多样性、丰富等特点。湿地农业包含了农业生态系统的各种组分，其中作物种植业和水产养殖业尤为发达。

2. 乡村景观廊道

廊道是指景观中与相邻两边环境不同的线性或带状结构。常见的乡村景观廊道包括农田间的水渠、林带、河流、道路等。廊道既是乡村中物质、能量、信息、资金、人才流动的通道，又是生物迁移的通道。

（1）自然廊道　指由天然的生态廊道形成的景现。在乡村中，河流是最为常见的一种自然廊道景观，主要包括自然界中的江、河、川、溪、涧、沟、渠等。河流是乡村景观的重要组成部分，也是乡村农业生产的命脉。

（2）人工廊道　主要指人工修建的铁路、公路及其他通道，具有物资运输、人员流动、气流交换、生物流动等功能，道路连接不同景观要素形成序列，本身是人们欣赏景观的视线走廊。

3. 乡村景观斑块

斑块是乡村景观要素中十分重要的内容，泛指与周围环境在外貌或性质上不同，并具有一定内部均质性的空间单元。

（1）生活聚落景观 是乡村景观的重要组成部分，聚落景观是居民日常生活的主要活动区域，承载着大量的人文内容，直接反映乡村的发展水平、居民的精神风貌和人文景观成分直接影响着乡村景观的整体效果。农村聚落景观与城市聚落景观相比，更具有地方性、民族性、传统性、可识别性等特点。

（2）公共空间景观 指乡村聚落内部的空闲地，是乡村居民休憩、交往以及从事部分生产活动的场所。如村庄中的篮球场，农忙时晒谷，农闲时打篮球，或者用作道场。公共空间景观具有生产、交流、休闲等功能，其景观随着乡村中的农事活动发生着变化。

（二）乡村生产景观

乡村生产景观指以农业为主的包括农、林、牧、副、渔等生产性活动的景观类型，是农村景观区别于城市景观和其他景观的关键。生产景观具有很强的生产功能，同时也兼具社会功能和生态功能。生产景观不但反映出不同时代农业运作的特点，同时因为所处地域的不同，景观基质的差异而出现了丰富多彩的乡村生产景观，包括乡村林业生产景观、乡村农业生产景观、乡村渔业生产景观、乡村畜牧业生产景观以及乡村工业生产景观等。乡村林业生产景观是指人们在森林基质中进行生产活动并对森林进行改造时形成的景观。乡村农业生产景观是指人们以土地为对象，通过播种、耕种等一系列的活动形成的景观，包括以播种、插秧、犁地、收割等为特色的传统农业生产景观和以机械化生产为特色的现代农业生产景观。乡村渔业生产景观是指在海洋、滩涂、内陆水域和宜渔低洼荒地等地点，进行养殖、捕捞水生生物等生产活动时形成的景观，以及渔民撒网、收获，将鱼放置在沙滩上晾晒，都是乡村渔业生产景观的具体表现。乡村畜牧业生产景观是指人们在草原地区，通过放牧、圈养或者二者结合的方式，饲养牲畜并取得动物产品，在生产劳动过程中形成的景观；早期的畜牧业中“赶场”和现代牧业中的牲畜圈养和人工草地培育等，都属于乡村畜牧业生产景观的范畴。乡村工业生产景观是一种新兴的乡村景观形态，主要指乡村工业园区景观。

（三）乡村文化景观

乡村文化景观是在特定的农村地域之上，为了满足某种需要，对自然环境加以改造，或由人文因素作用而形成的具有自身特色的景观，具有地域性、时代性、滞后性和传承性等特征。由于乡村居民对大自然以及他们生活环境空间的认知，产生了居住、服饰、饮食、宗教、习俗等文化景观，比如对自然及祖先崇拜而形成的景观、由民族文化差异形成的乡村民俗风情景观。乡村文化景观记录和传承了人类活动的历史和文化。具有重要的历史和文化价值，保存了大量的物质形态历史景观和非物质形态传统习俗。

例如，乡村民俗风情景观，包括由乡村居民在生活中所创造、使用和传承的文化体现的景观，是指乡村语言、服饰、节庆活动、民俗娱乐、民间手工艺等，体现为一种活动的文化形态。

五、乡村景观的特征及作用

（一）景观类型多样

不同于以人工景观为主的城市景观，乡村景观融合了自然景观、半自然景观和人工景观，既有商业、居民点、工业及矿产和道路等人工景观，又有森林、河流、农田、果园和草地等自然风光，具有丰富的景观类型。景观多样性反映了乡村的自然属性，反过来，人类活动改变土地利用和景观格局也影响景观多样性。

（二）地域差异明显

我国地域辽阔，不同地区自然条件差异较大，气候类型和地貌类型多样。各民族人民为适应当地自然状况和自身生存发展的需要，经过几百年甚至上千年的文化积淀，形成了自己独特的地方风貌和建筑风格，使得各地乡村景观具有浓郁的地方风情和风土特色，表现在景观多样性上和地域差异上也很突出，南北差距较大。如北方气候干燥，降水量集中，以旱地、水浇地为主，主要发展旱作农业；而在南方气候湿润，降水量大，所以以种植水稻为主。

（三）景观功能多样

1. 景观的生产功能

景观的生产功能指景观的物质生产力，不同类型的景观其物质生产力表现的形式不同，但共同特征是为生物生存提供了基本的物质保证。景观的生产功能主要包括自然景观的生产功能和农业景观的生产功能。

2. 景观的美学功能

景观给人以美的感受，当人与大自然和谐相处并融合于自然景观之中时，人的感情、精神、思想道德会得到进一步的升华。景观的美学功能包括自然景观美学功能和文化景观美学功能。

3. 景观的生态功能

生物、水、火、气体、土等在景观中移动时形成流。生态功能主要体现在景观与流的相互作用上，当水、风、冰川、火及人工形成的能流、物流穿越景观时，景观有传输和阻碍两种作用。景观内的廊道、屏障和网络与流的传输关系密切。流还可以在景观内扩散、聚集，这对保持生态系统的平衡和景观的稳定性具有巨大作用。景观生态功能包括：景观与能流、物流的关系，景观阻力与网络与流的空间扩散。

4. 景观的工艺价值

景观的工艺价值与景观的功能不是一一对应的，某一种工艺价值可能是两种或多种功能的产物，如景观的休闲旅游价值，就是多种生态系统共同形成的；而一种生态系统功能也具有两种或多种工艺价值，景观的工艺价值和功能可以互相依赖。

（四）景观相对稳定

在地球表面出现的人工景观、半自然景观、自然景观中，其变化序列以人工建筑景观有序度最高，半自然景观次之，自然景观最低。因为人类在人工景观中投入最多，而在自然景观中投入最少，甚至没有任何投入。

乡村景观与城市景观相比具有较高自然属性，也具有比城市景观更高的稳定性。但是乡村城市化的发展必然导致乡村有序度增高。所以必须有效处理乡村发展与保护自然、资源开发与保护之间的关系，达到人与自然的和谐发展。

（五）景观生态问题严重

近些年，我国部分地区处于传统农业向现代农业的转变过程，农药、化肥、除草剂及现代农业工程设施的使用，虽然使得土地生产率提高，土地利用向多样化发展，但也导致部分水土流失，土地利用布局趋于零散和无序，部分土壤板结及盐碱化。由于非农业产业的发展，一些农村的农田和菜地被挪用，致使部分农村的田园景观受到冲击，部分浓郁的地方特色消失，一些自然、半自然景观、生态平衡遭到破坏；农村景观和城镇景观结构不合理，功能不完善；传统文化景观与现代文化景观不协调等景观生态问题也日益突出。

六、乡村景观建设与我国国情的联系

（一）实施乡村振兴战略的需要

2018 年 9 月 26 日，中共中央、国务院正式印发《乡村振兴战略规划（2018—2022 年）》，对实施乡村振兴战略作出阶段性谋划，分别明确至 2020 年全面建成小康社会和 2022 年召开党的二十大时的目标任务，细化实化工作重点和政策措施，部署重大工程、重大计划、重大行动，确保乡村振兴战略落实落地。乡村相对于城市来说，在提供生态屏障、基本农产品，保存与传承民族历史文化等功能方面作用更突出。乡村景观规划是乡村振兴的重要部分和基本要求，建设生态宜居的美丽乡村是乡村振兴战略的要求之一，是新时代重视生态文明建设与人民日益增长的美好生活需要的重要体现。美丽乡村建设不仅对改变农村生活环境十分必要，而且对创造农民幸福生活也是必要的。要深刻认识到美丽乡村建设是两个文明建设的重要载体，是实现全面小康社会的必然要求，是促进改善生态环境的重要内容。美丽乡村建设是当下国家对于农村建设的一项重要决策，乡村景观建设是美丽乡村建设的重中之重，合理景观的景观设计既可以绿化环境，又可以供人观赏，乡村互动性景观设计可以增加村民之间的情感联系，也可让村民参与到景观中去，体验景观。

（二）解决“三农”问题的需要

我国自古以来是农业大国，农村、农业、农民是我国进行乡村治理的关键。现在是实现我国全面建成小康社会，实现两个一百年奋斗目标，实现中华民族伟大复兴的决胜时期。解决好“三农”问题是重中之重。随着党中央对“三农”问题认识的不断加深，十九大报告提出要实施“乡村振兴战略”。乡村振兴为更进一步解决“三农”问题提供了遵循和指导，为新时代农业、农村、农民问题的全面、协调推进提供了解决措施，为全面建设小康社会在纵横两个方向提供了向导。乡村振兴战略是解决“三农”问题的根本。

课题二　乡村景观设计的意义

乡村景观设计建设是多学科（景观生态学、风景园林学、乡村地理学、乡村社会学、建筑学、美学、农学等）理论的实际应用，是对乡村各种景观要素进行整体规划与设计，其目的是创造一个生态宜居、乡风文明、经济繁荣、产业兴旺的美丽乡村，促进乡村人与自然和谐共生持续良性发展。

一、契合当代人性化的要求

很多景观设计者的方案预期效果和用户实际使用效果之间存在很大的差异性，设计的目的往往被用户忽略或不被察觉，甚至于被用户排斥和拒绝，究其原因是设计者没有更加深入了解用户的需求，有些设计者高高在上，不去听取用户的意见，站在强势城市文化的角度盲目自信并藐视乡土文化，从而导致大量乡村景观设计作品被村民排斥。研究乡村景观的过程是与乡村当地人进行情感和文化交流的过程，了解乡土文化、体验乡村生活对于景观设计师来说非常重要。设计者能够多从中发现景观设计中的缺陷和不足，从几千年的乡村地域文化中继承和发扬乡村智慧，更加关注人的需求和体验，设计出适合时代精神、具有持久生命力的乡村景观，乡村景观设计只有站得高、看得远、做得细，立足于改善现实，体现当代追求，打造丰富多样的生活空间，充分根据人的体验与感受造景，才能营造宜人的空间体验。

二、立足乡村生态环境保护

景观是由不同生态系统组成的镶嵌体，其中各个生态系统被称为景观的基本单元。乡村景观多样性是乡村景观的重要特征，景观设计的目的是处理人与土地和谐的问题。对保护乡村的生态环境、维护生产安全至关重要。一些落后的乡村为了尽快致富，忽视环境方面的保护，给农业生产安全带来了极大的隐患。

中国传统的“天人合一”思想把环境看成一个生机勃勃的生命有机体，把岩石比作骨骼，土壤比作皮肤，植物比作毛发，河流比作血脉，人类与自然和谐相处。工业革命之后，西方世界逐渐认识到破坏环境带来的影响，纷纷出台政策法规来规范乡村建设，保护生态。美国在房屋建设审批的时候对于表层土壤予以充分利用，建设完后还原表层土到其他建设区域而不浪费。英国政府对农民保护生态环境的经营活动给予补贴，每年每公顷土地可以获得 30 英镑的奖励，不使用化肥、不喷洒农药的土地经营者将有 60 英镑的奖励。农场主在其经营的土地上进行良好的环境管理经营，按照英国环境、食品和农村事务部的规定，无论是从事粗放型畜牧养殖的农场主，还是进行集约型标作的粮农，都可与政府部门签订协议。一旦加入协议，他们有义务在其农田边缘种植作为分界的灌木篱墙，并且保护自家土地周围未开发地块中野生植物自由生长，以便为鸟类和哺乳动物等提供栖息家园。乡村生态环境保护是今后乡村发展的趋势，同时也会为乡村带来更多的机会，为城市带来更多的安全产品。

三、以差异化设计突出地域特征

城乡之间的景观存在多方面的差异，不同地域的乡村景观同样各具特色。独特的自然风格、生产景观，清新空气，聚落特色都是吸引城市游客的重要因素。但随着高速增长的全球化和城镇化进程，乡村居民对于城市生活的盲目崇拜导致城乡差别在不断缩小。其实，现代化和传统并不是非此即彼的。浙江乌镇历史悠久，是江南六大古镇之一，至今保存有 20 多万平方米的明清建筑，具有典型的小桥流水人家的江南特色，代表着中国几千年传统文化景观，如图 1-1 所示。2014 年 11 月第一次世界互联网大会选择在乌镇举办，是现代和传统的完美结合，差异化地表现了江南地域特色，体现出乌镇在处理现代与传统方面的成功经验。

云南剑川沙溪曾是贫困乡镇。从 2012 年开始，瑞士联邦理工大学与剑川县人民政府开展合作，实施“沙溪复兴工程”，联合成立复兴项目组。瑞士联邦理工大学与云南省城乡规划设计研究院合作编制了《沙溪历史文化名镇保护与发展规划》，试图营造一个涵盖文化、经济、社会和生态在内的可持续发展乡村，确立了一种兼顾历史与发展的古镇复兴模式。由此可见，地域特色和乡村发展以差异化为原则，在提升生活质量的前提下，营造具有特色的乡村风貌和人文环境，才能带来乡村景观的发展和提升，如图 1-2 所示。

图 1-1　浙江乌镇

图 1-2　剑川县沙溪古镇

四、作为城市景观设计的参考

乡村景观虽然有别于城市园林，但它从自然中来，其在长期发展中沉淀出的乡村景观艺术形式可为城市景观设计提供参考，如图案符号、建筑纹饰、砌筑方式等都可以成为城市景观设计中重要的表现形式。乡村景观的空间体验表现得更加优秀，是凝聚亲和力的空间，自然而具有肌理质感的设计材料，是现代城市景观中良好的借鉴对象。比如，美的总部大楼景观设计（图1-3）通过现代景观语言来表现独具珠江三角洲农业特色的桑基鱼塘肌理，唤起人们对乡村历史的记忆。本地材料与植物是表达地域文化最好的设计语言。北京土人城市规划设计股份有限公司为浙江金华浦江县的母亲河浦阳江设计的生态廊道（图1-4），最大限度地保留了这些乡土植被，植被群落严格选取当地的乡土品种，地被植物主要选择生命力旺盛并有巩固河堤功效的草本植被以及价格低廉、易维护的撒播野花组合。在现代城市景观设计中就地取材，运用乡土材料，经济环保，且最方便可取的资源往往可以体现出时间感和地域特色，让城市人感受到乡村的气息，缓解城市现代材料带来的紧迫感，同时也能使不同地区的景观更具个性，更能凸显地域特色。

图1-3　美的总部大楼景观设计

图1-4　浦阳江生态廊道

五、营造生产与生活一体化的乡村景观

当下传统村落的衰落消亡很大程度上是受到全球化进程的影响。随着科学技术的不断创新，社会结构和生产方式都发生了翻天覆地的变化，不可避免地出现部分传统乡村衰亡的情况，传统生活生产方式所产生的惯性在逐渐变小。北京大学建筑与景观设计学院院长俞孔坚教授在其《生存的艺术：定位当代景观设计学》一书中提到：景观设计学不是园林艺术的产物和延续，它源于我们祖先在谋生过程中积累下来的“生存的艺术”，这些艺术来自对各种环境的适应，来自探寻远离洪水和敌人侵扰的过程，来自土地丈量、造田、种植、灌溉、储蓄水源和其他资源而获得可持续的生存和生活的实践。乡村景观正是基于和谐的农业生产生活系统，利用地域自然资源形成的景观形式，科学合理地利用土地资源建设乡村景观新风貌，促进农业经济的发展，同时促进乡村旅游业的发展，繁荣乡村经济。

中国现代农业由于土地性质不同于西方国家，国家制度上也和西方国家有区别，既不可能单纯走美国式的商业化农业的发展道路，又难以学习以欧洲和日本为代表的补贴式农业发展模式。“三农”问题（农业、农村、农民）一直备受国家和政府关注，胡必亮在《解决“三农”问题路在何方》一文中提出了中国农业双轨发展的理念，即在借鉴美国和欧洲、日本的发展模式的基础上进行制度创新，创造出新的发展模式——小农家庭农业和国有、集体农场相互并行发展。国家也正在积极推进土地制度的改革，未来出现的乡村景观将有别于几千年来的传统乡村景观，这也为乡村景观设计者带来了巨大的挑战——从传统中来，到生活中去，找到适合的设计方向。

课题三　乡村景观的功能

乡村振兴战略的总体要求是坚持农业农村优先发展，而乡村景观建设是国家实施乡村振兴发展战略的重要内容，它涉及生态振兴、产业振兴、文化振兴三个层面，生态宜居是乡村景观的物质基础，产业兴旺是乡村景观的发展动力，乡风文明是乡村景观的灵魂特色。

一、发挥生态效益

良好的生态环境是人们生产、生活、生存的根本，一个美丽的乡村景观就是一个完整的良好的自然生态系统，其生态功能综合表现为可促进自然界的物质循环和能量流动，有效维持自然生态平衡。目前国家不断通过绿化美化措施，减少

农药、化肥的使用，优化农艺管理措施，发展绿色产业等措施，来修复部分石漠化的乡村环境，改善优化人们的居住条件，维持原生态的自然环境；监测和减轻“三废”污染的危害；降低噪声，净化空气，改善局部小气候，实现天更蓝、山更青、水更绿，建立人与自然、城市与乡村和谐发展的生态环境。

二、发挥社会效益

乡村景观具有明显的社会特征，即各组成成员间具有比较一致的生活方式和较为认同的意识行为，且彼此熟悉，往往还具有较为接近的血缘关系，无论在价值观念、道德观念，还是交往方式、生活方式上，都保持了自己独特的景观文化特征。

近年国家加强乡村景观文化建设，树立社会主义核心价值观，培育文明乡风、良好家风、淳朴民风，打造浓郁的当代特色乡村文化、提升村民的精神风貌、增强村民的生态和环境保护意识，提高乡村社会文明程度。乡村景观建设，不仅可以吸引四面八方的旅客涌入，而且可以促进商品交换、商业繁荣、市场活跃；可以促进交通事业的发展，使闭塞的乡村对外开放，经济搞活；可以刺激当地农业发展，特别是为旅游服务的农副产品、土特产品等将会得到较大的发展；可以促进乡村的建设，改善乡村的环境；广泛的人际交流，会使人们的观念、习俗相互渗透、相互影响，逐渐改变乡村旧有的生活习惯，美化人们的语言、心灵，更新人们的观念，促进村民素质的提高；锻炼和培育起一批旅游业经营和服务的人才。总之，乡村旅游业的发展，其产生的社会效益是多方位的、多层次的。

三、发挥经济效益

乡村作为我国当前人口的主要聚居地，其主要功能是为人们提供生产和生活所需的农副产品，为此必须坚持因地制宜发展，坚持走绿色发展之路，延长农业生产产业链和加工链，提高农业生产附加值，增加农民收入；同时，利用农业特色产业，培植农业生产景观，开发农业产品，满足游客体验、游览和购物需求，助推乡村旅游发展；乡村景观是自然景观和人文景观的复合体，本身就蕴含着丰富的美学价值。依托乡村的自然山水、文物古迹、民族特色、建筑风貌、特色小吃等旅游资源，打造乡村村落景观，提高村民的服务意识、服务态度和服务质量，满足游客的衣、食、住、购、玩等的需要，大力发展乡村旅游。

课题四 乡村景观设计原则

为了培育乡村新产业、新业态、新模式，促进城乡协同发展，实现人与自然

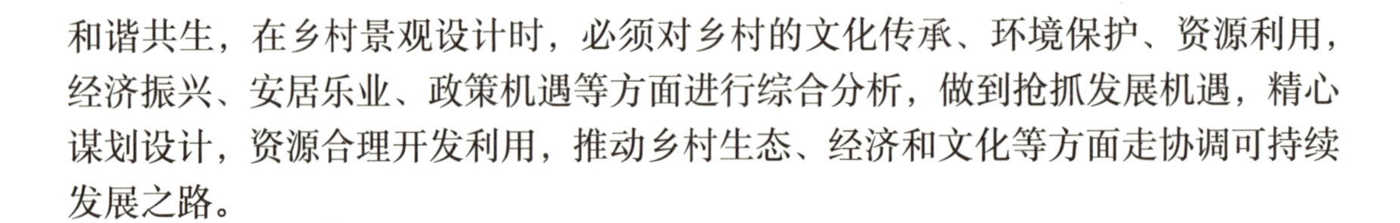

和谐共生，在乡村景观设计时，必须对乡村的文化传承、环境保护、资源利用，经济振兴、安居乐业、政策机遇等方面进行综合分析，做到抢抓发展机遇，精心谋划设计，资源合理开发利用，推动乡村生态、经济和文化等方面走协调可持续发展之路。

一、地域性原则

文化是人类征服和改造自然活动的产物，形成于一定的地域中，地理环境是文化形成的物质基础，表现为不同地域环境形成不同的物质文化和精神文明等内涵，因此文化具有地域性。在乡村景观设计实践时，要体现乡村地域文化特色内涵。

（一）彰显地域文化

我国地域幅员辽阔，地形地貌复杂，民族众多，气候资源丰富，不同的地域环境其自然风光及人文风情是不一样的，人类在长期的历史发展过程中，形成了不同的自然风貌、民间习俗、农业景观、宗教信仰、方言文字等乡土文化，地域文化的差异性是中华文明源远流长的不竭动力。在城乡一体化发展的大背景下，推进乡村景观建设必须尊重当地文化习俗，多从地域文化上做文章，不仅突出了乡村景观设计建设的本质，而且传承和发展了当地的乡土文化。

（二）表现地域特色

立足乡村地域生态环境，充分利用当地的自然山水、建筑特点、宗教文化、红色文化、文物古迹、风土人情、动植物资源、农特产品、美食文化、民间工艺等各种地域文化资源要素，通过乡村景观设计来打造独具特色富有地域“符号”的乡村人文景观，既丰富了地域环境体系的浪漫韵味，又凸显了乡村环境的地域特色。

二、经济性原则

构成乡村景观的主要内容是经济结构，乡村是重要的经济地域单元。不同的地域乡村环境，由于自然条件、自然资源、农业技术、旅游资源、耕作方式等不同，并出现了不同地域之间乡村经济发展不平衡、不协调。通过比较研究发现，导致乡村经济发展滞后的根本原因是没有自己的农业支柱产业作为基础。因此，在乡村景观设计实践时，要突出乡村振兴经济发展主旋律。

（一）大力发展乡村特色产业

农业产业将以乡村产业的发展形态来呈现，乡村特色产业是乡村振兴的关键。为了改变乡村现状，振兴乡村经济，实现城乡协同发展，充分挖掘乡村农业自然资源，在资源优化配置的情况下，大力发展乡村农业产业，尤其是发展农业特色产业，构建产业服务体系，打造农业生产地方品牌，大力实施乡村振兴品牌战略，推动优势农业产业生根开花，提档升级，促进乡村生产型农业实现高产、高效和优质的生产目的，满足百姓日益增长的物质生活供给需求；同时，乡村农业产业要做到与时俱进，适应市场需求的新变化，发展生态型农业、科技型农业、创意型农业、休闲养生型农业等新业态，打造乡村农业产业特色景观，重塑乡村特色风貌，适应城乡居民的乡村文化体验、健康营养、生态休闲、养生养老等高品质多样化需求，做到将乡村产业优势发展为乡村经济优势。

（二）发展乡村农业二三产业

随着科学技术的发展，农业新技术的广泛应用，以及农业机械化、自动化、智能化水平的提高，农村产生了大量的富余劳动力。利用乡村良好的生态环境，依托乡村特色农业产业化发展优势，农产品品种资源丰富，原料来源广，物美价廉，农产品新鲜优质等特点，各地因地制宜大力发展农业二三产业，有序引导乡村富余劳动力向农业第二产业、第三产业转移，促使一二三产业融合发展，是乡村景观设计的重要原则和出发点。做好农产品的深加工和精加工；推进特色农产品加工工艺的不断创新；不断创建乡村特色农产品加工品牌；利用信息技术实施网络销售、直供直销等销售形式；加强乡村特色美食产品的开发、加工和工艺传承等，这些措施不仅延长了农产品生产的产业链，提高农产品的附加值，实现农产品价值和利润的最大化，而且拓展了村民的就业渠道，促进村民就近就业，增加农民的经济收入，提高百姓的生活质量，缓解了乡村留守儿童及空巢老人等一系列社会现实问题，促进了社会的进一步和谐与稳定。

三、生态性原则

生态宜居是乡村振兴的关键，生态振兴是乡村振兴的重要内容，良好的生态环境是乡村最大的优势和宝贵的财富资源，坚持人与自然和谐共生，走乡村绿色发展、循环发展和可持续发展之路，加强乡村基础设施建设，统筹实施山水林田湖草系统治理，大力实施绿化美化工程，把乡村建设成为生态宜居、富裕繁荣、和谐发展的美丽家园。在乡村景观设计实践时，要强调乡村生态环境保护治理的基础地位。

（一）打造乡村宜居环境

树立和践行绿水青山就是金山银山的生态理念，依托各地乡村的山水、田园、道路等自然风光，选用当地的乡土园林植物，实施乡村道路、河流、湖泊、公共活动场所、庭院以及村落等环境的全面绿化美化或者生态修复，做到宜农则农，宜林则林，宜草则草，巩固退耕还林、退牧还草、退种还湖等生态保护成果，回归乡村环境的本来面目，让人们生活在蓝天白云、青山绿水的优美舒适的环境中。乡村农业产业要根据当地的生产方式、气候条件、土壤环境和市场需求等综合分析，因地制宜发展生态农业和现代农业，走生态产业化或产业生态化发展之路，利用生态优质实现产业优势，达到乡村产业发展和乡村生态保护融合协调发展，实现互利双赢。围绕入口景观、道路景观、景观小品、景石设计、乡村水景、景观绿化六项园林工程要素，对乡村民居、农家乐、特色村寨、观光园、开心农场、度假村等休闲旅游场所进行乡村园林景观设计时，需要把握好人们对传统乡村田园生活的留恋和享受大自然的美好景色这一主题思想，让游客慕名而来，满意而归。为了吸引游客的兴趣，在景观设计时，应该严格遵守景观的生态设计原则，充分尊重乡村原始的自然生态环境，满足村民生产、生活、出行方便及休憩娱乐的需要，保留最原始的乡村地形地势、地貌特征建筑风格和乡土植物、方言服饰、民间工艺等乡村生态韵味，让乡村文化富于旅游景观建设中，以此展示乡村生态旅游资源的异质性和特色，让游客身临其景，感悟颇多童年趣事、增添游客的归宿感。

（二）践行生态文明生活方式

乡村是生态涵养之地，是农产品馈赠之所，是人们精神家园的归宿。为了达到乡村环境舒适、食品安全、空气清新、水源清洁、出行方便、产业兴旺、经济繁荣、乡风文明等目的，必须改变传统的不利生产生活方式方法，以实际行动参与到生态文明建设之中。加强乡村生态环境的宣传教育工作，整体提高村民的环境保护意识和道德修养水平；加强乡村生态保护与修复；积极推进农业循环化发展；实施乡村生活垃圾分类和无害化处理，以及农田秸秆的综合利用；统筹实施山水林田湖草系统治理，建设健康稳定的田园生态系统；提高畜禽养殖废弃物资源化利用；优化农业产业生产管理方式，开展化肥、农药的减量行动，开展农业白色污染综合治理；推进乡村厕所革命；持续改善村容村貌；建立市场化多元化生态补偿机制等措施。总之，在做好生态保护打造宜居环境的前提下，将乡村特色产业建设成为生态友好型、质量安全型、资源节约型产业，发挥乡村产业的多功能性，最大限度满足社会的需要。

四、人本性原则

建设美丽乡村是当下国家对于农村建设的一项重要决策，是全面建成小康社会实现百年奋斗目标的基本要求。建设美丽乡村的前提是做好乡村景观设计，合理的景观设计既可以美化环境，改善环境和创造财富，同时为村民创造一个好的生态景观环境，好的户外活动空间，让村民过上好日子，逐步走上共同富裕的道路。因此，在乡村景观设计时，必须坚持以人为本，一切从乡村和村民的发展大局出发，作为根本原则和设计宗旨来落实。

（一）做到安全舒适

安全舒适是人们观赏景观最基本的要求，也是设计的基本要求，安全观赏是前提，应根据不同年龄层次的人的心理和行为需要，特别注意增设一些无障碍设施，营造一个安全的景观环境。同时，要根据人体工程学的标准来设计景观，以避免不符合人的身体需求而造成不适，景观在颜色、形状、气味上都要考虑到不同年龄层次的人的需求，让其在景观观赏过程中缓解疲劳、放松心情、体会自然之美。

（二）符合审美需求

景观的美表现为外观美、自然美、变化美，以及蕴含的内在美，观赏美景能陶冶人的情操，带给人以美的享受。为了符合人们的审美需求，在设计理念方面，要做到与时俱进，满足人们的审美需求；在景观选择方面，要做到自然景观和人工景观的合理搭配；在植物配置方面，要考虑植物形体的变化、大小的变化、色相的变化、季节的变化等，创造多变风景；在设计要求方面，要因地制宜，结合当地特有的地域文化和风俗人情来进行，切忌盲目设计，生搬硬套。

（三）适应时代发展

随着科学技术的发展，人民生活水平的不断提高，人们对景观的功能需求也越来越高。在乡村景观设计时，要有超前意识，要从长远考虑，在保护自然生态系统的前提下，利用现有的自然资源，在遵循景观设计基本原则的基础上，打破固有的设计方式进行创新，让景观能够经受住时间的考验，做到持续发展，而不是转瞬即逝。

巩固与练习

1. 什么是乡村景观？
2. 乡村景观的功能有哪些？
3. 乡村景观设计原则有哪些？

单元二

乡村景观设计要素

学习目标

◎ 了解乡村自然景观要素，乡村历史人文景观要素；掌握乡村景观园林工程要素。

任务学习

课题一　乡村自然景观要素

乡村自然环境景观要素包括地质、地形地貌、土壤、气候、水体、生物等，是乡村景观中最为核心的景观要素。

一、地质

地质要素包括地质构造和岩石矿物特性两个方面。一般而言，地质构造主要造就了区域景观的宏观面貌，如山地、高原、洼地等；岩石矿物是形成景观的物质基础，特别是形成土壤的物质基础，不同的岩石矿物给予景观不同的特性。如图 2-1 所示。

图 2-1　湖南张家界

二、地形地貌

地形地貌是景观类型形成和分异的主要因素之一，主要包括大的地形单元（如山地、高原、平原、丘陵、盆地等）和小的地貌分异因素（如坡度、坡向等）。如图 2-2、图 2-3 所示。

图 2-2　陕北黄土高原

图 2-3　长江中下游平原

三、土壤

土壤包括土壤类型、分布、结构、性状、土壤侵蚀和土壤养分状况等。

四、气候

气候是景观分异的重要因素，主要包括太阳辐射、温度、降水、风等。可分为热带、温带和寒带等，其主要体现在水热状况的差异以及季风的影响。不同气候带的水热条件存在较大差异，其直接或间接影响到乡村景观的其他要素，对乡村景观的影响是长期的，在不同气候条件下一般会形成显著不同的区域景观类型。

五、水体

水体包括河流、湖泊、冰川和沼泽等天然水体以及灌溉水渠、水库和坑塘等人工水体。

六、生物

（一）植被

植被是景观组成的一个重要因素，是对景观类型的直接反映，应该作为景观类型划分的重要标志，包括原始森林、人工林地、农田作物、防护林带和绿地等。

（二）动物

动物主要指一些天然的动物群落及其分布的状况和特征，由于其比较特殊，在景观分类中一般不考虑。

课题二　乡村历史人文景观要素

乡村的人文景观实体要素主要是指人类在改造自然过程中，为满足自身的需要，对自然景观要素的改造所产生的半自然、半人工景观或在自然景观基础上建造的人工景观。人文实体景观要素的类型和结构直接反映了人类对自然景观的改造程度和方式，人文实体景观要素主要包括乡村聚落、乡村建筑、交通道路及工具、农业景观、水利设施、工业设施、旅游设施和居民生活产品等。

一、乡村聚落

乡村聚落指小城镇、中心村、自然村等。

传统聚落景观有乡村和城市之别，此处仅指乡村的古村、古镇及其古民居。乡村聚落与广大人民生活、生产息息相关，有着浓厚的生活基础和浓郁的乡土色彩，乡村聚落也体现了地域特色，主要包括村落布局、房屋建筑物、街道、广场等人们活动和休息的场地。聚落景观是最直观的物质景观，向人们诉说着她的背景和历史，承载着当地人们生活的历史和生活方式的变迁。乡村聚落的建筑形式、空间格局和物质形态对地理环境具有显著的依赖性，是利用当地地方材料，因时、因地、因需求而制宜建造形成与乡村环境和谐地融为一体。不同地域具有不同的风俗习惯、建筑风格，这些都构成了不同地域的特色人文景观。

二、乡村建筑

乡村建筑指古建筑、古遗址类，民居、民宅类，民俗类，纪念类，公共建筑类，功能复合类等。

乡村的民居建筑是乡村文化历史发展的印记。从建筑的选址、布局、样式、风格到结构、材料，再到建筑内部的家居摆设无不体现出建筑者的思想观念和文化心理。由于居住环境和条件的限制，我国许多地区的居民都发展了各自独特的建筑样式。例如，云南中部的“一颗印”式民居，如图 2-4 所示；江南地区“四水归堂”式住宅，如图 2-5 所示；还有湘西的“吊脚楼”等，这些建筑不但反映了乡土技术、材料和艺术的特点，同时也体现了一定地域范围内人们的栖居文化理念。乡村民居建筑包含了人们对待自然的态度和方式，也包含着中国人流传已久的等级观念、家族观念等。

图 2-4 云南“一颗印”式民居

图 2-5 江南“四水归堂”式住宅

三、乡村精神或乡村人文

人文精神景观是相对于人文实体景观而言的，是人类与自然的长期斗争中，逐渐形成的民俗文化、社会道德、价值观和审美观等非物质的精神文化符号。

1. 环境观

人们对环境的依赖性强，如天人合一等。

2. 生活观

村民生活自然、节律、安逸、宁静，如欲望较低、夜生活少等。

3. 生产观

人们从自给自足向市场化发展，如种植多种经济作物、开办工厂等。

4. 道德观

村民传统道德观较强，如孝敬父母、尊重长辈等。

5. 审美观

村民纯朴、自然，如在服饰图案上对自然万物的模仿。

6. 风俗礼仪

风俗礼仪的传承性、地域性，如迎亲过桥、送红鸡蛋等。

四、交通道路及工具

国道、省道、村道等陆地交通（图 2-6）；运河、干渠等水运交通（图 2-7）；机场空运交通；沥青路、石板路等村内道路；古道、古桥等古遗迹道路；汽车，自行车等交通工具。

图 2-6　国道 318

图 2-7　京杭大运河

五、农业景观

土地形状类如梯田（图 2-8）；灌溉类如水库（图 2-9）；机械化类如拖拉机；设施类如蔬菜大棚（图 2-10）；养殖类如家禽圈舍；农作物类如水稻；经济作物类如茶园（图 2-11）等。

图 2-8　重庆酉阳花田梯田

图 2-9　南水北调工程丹江口水库

图 2-10　蔬菜大棚

图 2-11　湖北鹤峰观光茶园

六、设施类

堤坝、闸坝、河渠、渡槽、水库等水利设施。厂房、污水及废物处理设施等工业设施。接待设施如旅馆、餐馆，观光设施等。

七、居民生活产品

服饰类（图 2-12）；饮食类，如图 2-13 ～图 2-16 所示；日用消费品类。

图 2-12 民族服饰

图 2-13 重庆火锅

图 2-14 土家族腊肉

图 2-15 神仙豆腐

图 2-16 土家族油粑粑

课题三　乡村景观园林工程要素

一、乡村入口景观设计

（一）乡村入口景观概述

乡村入口景观是十分重要的标志性区域，它是整个景观空间的起始，是连通景观外部空间与内部空间的重要景观节点与交通节点，是整个景观序列的起始部分。在营造空间氛围、文化宣传、提升景观吸引力等方面起到了关键性的作用。对游览者来说，一个景观的入口的设计醒不醒目、合不合理决定着游览者对景观的第一印象，所以，景观的入口对整个景观的旅游具有十分重要的意义。在打造景观区入口的设计和规划时，要明确入口的功能划分、人流走向以及位置安排，满足入口的各方面需求。在乡村入口的景观设计上应当能够将当地的风俗文化融入进来，使千村有千样，建设成比较完整景观的入口景观的设计。

乡村入口景观是乡村景观的构成要素，它将乡村景观分割成内部环境和外部环境两部分。内部环境主要形式有民居景观、农家乐景观、村寨景观、观光园景观、开心农场景观、度假村景区等；外部环境主要指山川景观、溪流景观、田园景观、苗木及森林景观等。内外景观要素组合在一起共同构成了乡村入口景观。

乡村入口因地制宜对空间进行划分，使入口区域的各种功能都能得到均衡的分布，将功能性的景观融入到景观设计中去。紧紧围绕美丽乡村的主题和当地的文化特色，深入研究当地的传统文化、民风民俗、历史背景，将这些东西和景观设计融合在一起，使游客能够在一进到乡村的入口处就感受到浓浓的地域特色与乡村的美好景观。

（二）乡村入口景观类型

1. 标志性入口景观

标志性入口景观常有特色性的标志，如牌坊（寨门）、景石、文化墙、雕塑等景观元素标志（图 2-17），让人能够直观地辨别出乡村的入口，具有一定的指引性作用，另外入口标志具有明确的分割与界定内部空间和外部空间的作用。独特的标志性入口风貌

图 2-17　乡村入口标识

不仅让人们在感官上对于整个村庄形成了一种鲜明的印象，还提升了入口景观的艺术性，提高了游览者对于整个村庄的评价。

（1）牌坊式入口景观　牌坊式入口景观类别中，牌坊材质分为石质与木质材料（图 2-18），牌坊外观普遍相似且尺度宏大，牌坊所立之处多为空间宽阔处，周边环境空间单一，配景多以石狮为主。牌坊式入口景观制作时间短、建造速度快，主要存在尺度偏大、无系统配景的问题。牌坊式入口景观适用于古建筑较多的古村落和古村镇，易与建筑环境融为一体，展示和体现村落特色。

图 2-18　牌坊式入口

（2）栅栏木门式入口景观　采用栅栏围合景观区域，明确区域的分界线，将景区内部空间和外部空间分隔开。栅栏多就地取材，采用乡村本地生长的竹竿或木头简单加工，围合在景区四周，门上覆盖一些稻草，加上木门，成为乡村景观的一个标志性入口，增添了许多乡村味道，如图 2-19 所示。

图 2-19　栅栏木门式入口

（3）景石式入口景观　景石式入口景观中，景石体积较大，多以篆刻的方式将村名印在景石上。景石的布局分别有单独陈列、与其他景观小品结合的方式，单独陈列的景石体积较大，形状较为奇异，如图 2-20 所示。与其他景观小品结合的景石形状较为规整，多与花镜相结合布置，如图 2-21 所示。景石式入口景观具有材料采集方便、制作简单、建造速度快、布局多样的特点，滥用现象较为明显。景观石易与其他景观小品搭配，结合周边地理

图 2-20　景石式入口（篆刻方式）

图 2-21　景石式入口（与花镜结合）

人文环境可塑造多变样式。

（4）文化墙式入口景观　文化墙式入口景观中，分为单独陈列、与民居结合两种布局方式。材质以砖、泥、石为主。单独陈列的文化墙空间较为宽阔，形式较为多样，易于搭配周边景观小品；与民居结合的布局方式，则多以墙绘的手法处理。景观墙具有可结合性强，易于营造群落景观的特点，目前多以单独陈列形式为主。景观墙可塑造性、可结合性强，结合当地自然人文特点制造样式，如图2-22所示。

（5）雕塑式入口景观　雕塑式入口景观中，采用特殊意向表达与该村相关的元素，体积多宏大，多位于空间宽阔处，且多为单独陈列，较难与其他景观小品相结合。雕塑式入口景观具有意向突出，设计与制作复杂的特点。雕塑形式多样、针对性强，对尺度及意向准确性要求较高，建造完成后难以更改与修复，如图2-23所示。

图2-22　文化墙式入口

图2-23　雕塑式入口

2. 过渡性入口景观

过渡性入口空间与传统乡村聚落空间往往有着明显的差异性，乡村入口空间一般有明确的空间范围。对于景观构成元素，一般不拘泥于某一种固定的模式，如休闲广场、停车场、公交站牌、活动区域、游园等，具有一定的景观多样性，不仅对游览者提供休憩停留的场所，还丰富了村民的休闲活动形式，对乡村文化建设起到了促进作用。无论是从村内到村外，还是由村外进入村内，在感官上给人明显的过渡性，这种类型的村庄入口空间称为过渡性入口景观。

3. 直入性入口景观

直入性入口在众多乡村中最为广泛，村口面积较小，景观设计相对单调，大部分未经过更新建设的小型乡村都是此类村口空间形式。有些乡村中心十分突出的村落也具备此类特征，这类村庄在入口处没有设置广场、停车场等集散空间，道路直指村内祠堂、中心广场、行政办公地或医疗点等村内功能型场所，导致整体村庄的布局与功能都受到这个中心的影响，村庄街巷方向、建筑布局、田地方位等都具有十分强烈的导向性，对行人起到直接的指引作用，这类乡村入口空间称为直入性入口景观，如图 2-24 所示。

图 2-24　直入性入口

（三）乡村入口景观的提升策略

1. 突出入口标识

在我国现在大力推行美丽乡村建设的背景下，许多乡村正在贯彻落实国家政策。但是，很多投资商只关心建成的项目的经济回报，对于美丽乡村的定位也不是很明确，导致在入口景观的打造上并不明确，和乡村的文化、历史等背景契合度低，大部分美丽乡村的入口区域景观十分雷同，游客很难在参观时有十分深刻的印象，也不太能够感同身受体会当地的文化。在设计时应当能够先深入了解当地的文化背景，能够将当地特色融入到入口标识之中。

2. 丰富功能性

许多美丽乡村的入口区域在功能区域的划分上不是很明确，入口缺少停车场、集散广场等，使得整个入口空间没有层次感，缺少在入口区域上对功能性的思考。而有的入口广场功能比较完备，区域划分也比较明朗，但却缺少了景观在审美上的追求。美丽乡村的入口景观在设计时应当考虑到审美与功能的统一，深度分析一个美丽乡村的规模大小、预期定位、入口大小、入口地形等各方面的因素，才能使得景观的设计不会太过单调，并且能对入口空间的划分产生作用。

3. 协调植物配置

景观的入口区域多使用特色的乡土树种、丰富植物的层次感，能够强调乡村景观这一关键，如图 2-25 所示。

4. 增强景观空间感

在设计时，需要增强入口区域的空间感，提升景观的观赏价值。在调研中发

图 2-25 协调植物配置

现，绝大多数的美丽乡村的入口景观的空间感比较薄弱，没有景观层次，景观比较杂乱，没有观赏价值。

5. 协调统一乡村生态环境

目前，我国的乡村建设还处于发展的初级阶段，许多情况下对于乡村的建设本质还是模棱两可的。在建设时，一些投资商只把乡村当成获得经济效益的产品，只从自身利益考虑，在这种情况下，只要是有利可图的就会被照搬进来，但往往这些照搬进来的景观会显得十分生硬，与周围的生态景观不能融合在一起，没有美丽乡村的代入感。在对入口景观进行建设时，应当能够充分考虑到生态环境，使得入口建设有据可循。

二、乡村道路景观设计

（一）乡村道路的分类

道路是供行人和各种无轨车辆通行的基础设施，由一地通往另一地的路径。乡村道路是指建在乡村，为了方便农业生产、旅游和生活，主要供行人及各种无轨车辆通行的道路。乡村道路是乡村景观的骨架与动脉，是整个乡村景观绿地的重要组成部分，它将乡村景观分散的小型绿地联系在一起，即所谓绿化的点、线、面相结合，从而形成乡村景观的绿地系统。它包括乡村景观所辖地范围内，一切道路的硬质铺装。乡村道路除了具有交通、导游、组织空间、划分景区等功能以外，道路也是乡村景观工程要素主要内容之一。按其主要功能和特点划分，可分为乡村公路、乡村园路、乡村广场三种类型。

1. 乡村公路

乡村公路主要指景区与乡（镇）、村或景区与景区之间联系的公路，如图 2-26 所示。根据乡村公路的层次与规模，按使用任务、性质和交通大小，可分为乡道、村道和专用公路三种基本类型。

图 2-26 乡村公路

（1）乡道　乡道是指主要为乡（镇）村经济、文化、行政服务的公路，以及不属于县道以上公路的乡与乡之间及乡与外部联络的公路。乡道由人民政府负责修建、养护和管理。

（2）村道 村道是指直接为农村生产、生活服务，不属于乡道及以上公路的建制村之间和建制村与乡镇联络的公路。乡（镇）人民政府对乡道、村道建设和养护的具体职责，由县级人民政府确定。

（3）专用公路 专用公路是指专供或主要供林区、农场、旅游区要地等与外部联系的公路。专用公路由专用单位负责修建、养护和管理，也可委托当地公路部门修建、养护和管理。

2. 乡村园路

乡村园路是乡村园内若干个景区、景区与景点相联系的纽带，是组成乡村景观的主要工程要素之一，是贯穿全园的交通网络，如图 2-27 所示。根据乡村园路的层次与规模，按使用任务、性质和交通大小，可分为主干道、次干道和游步道三种基本类型。

（1）主干道 联系园内各个景区、主要风景点和活动设施的路。通过它对园内外景观进行衔接，以引导游人欣赏景观。它是主要出入口、园内各功能分区、主要建筑物和重点广场游览的主线路，是全园道路系统的骨架，多呈环形布置。其宽度视公园性质和游人量而定，一般为 3.5 ～ 6.0m。

图 2-27 乡村园路

（2）次干道 设在各个景区内的路，贯穿各个功能分区、联系各个景点和各个活动场所的道路，为主干道的分支，对主干道起辅助作用。考虑到游人的不同需要，在园路布局中，还应为游人开辟一些捷径，即由一个景区到另一个景区的次干道。次干道宽度一般为 2.0 ～ 3.5m。

（3）游步道 景区内连接各个景点、深入到山间、水际、林中、花丛等各个角落，供人们漫步游赏的游览小路。游步道宽度一般为 1 ～ 2m，有些游览小路其宽度为 0.6 ～ 1m。

3. 乡村广场

乡村广场是指乡村园内面积比较平坦的广阔场地，如图 2-28 所示。它是根据乡村功能上的要求而设置的乡村园路枢纽中心，提供居民进行集会、游览休憩、商业服务及文化宣传等社会活动或交通集散的场地。它通常是大量人流、车流集散的场所。在乡村景观中，乡村广场数量不多，所占面积不大，但它的地位和作用很重要，是乡村景观工程要素设计的重点之一，不仅是乡村中不可缺少的有机组成部分，还是乡村具有标志性的主要公共空间载体。在乡村广场中或其周围一般布置着重要建筑物和设施，往往能集中地表现乡村的艺术面貌和地方特色，是乡村的会客厅。

图 2-28 乡村广场

（1）乡村广场设计的基本原理 乡村广场设计以乡村现状、用地规划、发展规模为基础，还要结合自然地理条件、景观布局、地面水的排除、环境保护、各种工程管线布置以及与主干道的关系等。成功的乡村广场设计必须有合理的总体布局、独特的构思与创意，和谐的风格、良好的功能、特色的艺术处理以及配套的设施。

（2）乡村广场的总体布局 乡村广场的总体布局，要对各部分有机联系，达到功能性、艺术性和经济性的协调统一。未来发展趋势、经济状况要根据乡村总体规划设计要求，结合自然地理条件、风俗等综合考虑，进行合理的乡村广场总体设计布局。

（3）乡村广场设计的空间组织 乡村广场是为满足居民多种社会生活需要而建设的，供人们活动的户外公共空间。因此，首先要使更多的人从更多的方面参与其中；其次是能为人们提供多种类，多层次的选择；最后是乡村广场要富有较强的文化内涵，使人们既受到文化的感染，又在活动中认知和理解文化的意义。只有人们的身心投入，才能赋予广场生命活力。在乡村广场设计中，要对乡村广场的功能深入研究，并进行合理的功能分区、定位。各组成部分做整体安排，使其各得其所。

乡村广场的空间组织首先取决于广场的功能，人在广场中的活动是多样化的，这就要求广场的功能多样化，由此导致了广场空间的多样化。乡村广场的功能要求按照实现步骤的不同，大致可以分为两类：整体性的功能和局部性的功能。整体性的功能目标确定属于广场创作的立意范畴，局部性的功能则是为了实现广场的“使用”目的，它的实现必须通过空间的组织来完成。

① 广场空间组织要点。

a. 整体性。乡村广场的空间要与乡村大环境相协调，整体优化有机共生。特别是在老建筑群中创造的新空间环境，与环境的关系应该是“镶嵌”，而不是破坏，整体统一是空间创造时必须考虑的因素之一。

乡村广场的空间环境本身也应该格局清晰，整体有序，于严谨中追求变化。

b. 层次性。乡村广场多属于为居民提供集会活动或休闲娱乐场所的综合型广场，尤其应注重空间的人性特征。其设计的基本出发点是人的需要和行为方式，要考虑人的因素。由于不同性别、不同年龄、不同个性和不同阶层人群的心理和行为规律的差异性，对半私密性、私密性、半公共性、公共性的广场空间需求不一样，决定了乡村广场的空间构成方式的复合性，这就要求广场空间的组织结构必须满足多元化的需要。

乡村广场通过地面高度变化、植物、构筑物、座椅设施等的变化来实现层次的划分，把广场分成许多局部空间即亚空间。整个广场或亚空间不能太小也不应太大。太小会使人觉得自己宛如进入了一个私人房间，太大会让人有一种彼此疏远的感觉。

每个亚空间完成乡村广场一个或两个功能，成为广场各项功能的载体，多个亚空间组织在一起实现乡村广场的综合性，这种广场的综合性形成多层次的广场。为了顺应人们的心理需求和行为方式，就需要这种多层次的广场空间去提升空间的品质，给人们提供更多地停留的空间。

c. 步行设计。由于广场的文化性、娱乐性和休闲性，在进行乡村广场内部交通组织设计时，广场作为步行环境应尽量不设车流，以保证场地的安全。在进行乡村广场内部人流组织与疏散设计时，要充分考虑广场基础设施的实用性。广场不宜布置大量仅供观赏的绿地，大量的绿地会占据游人行走空间，影响广场的实用性。如广场内草坪面积过大，不但会使广场显得单调，而且还会阻碍广场内人流的组织。另外要注意广场内部道路的和谐统一，要把广场同步行街、步行桥、步行平台等有机地连接起来，从而形成一个完整的步行系统。

广场平面布置不要局限于直角，如图 2-29 所示。因为人们行走时都有一种“就近”的心理，对角穿越是人们的行走特性，当人们路过广场时，都有很强烈的斜穿广场的愿望；当人在广场中活动时，一般是沿着广场的空间边沿行走，而不选择在中心行走，以免成为众人瞩目的焦点。

广场地面设计高差可以稍有变化，绿地遮阴必不可少，人工景观力求高雅生动，并与自然景观巧妙地融合在一起。人们在广场上行走距离的长短也取决于感觉，当广场上只有大片硬质铺地和草坪，又没有吸引人的活动时，会单调乏味，人们会匆匆而过，还觉得距离很长，相反，当行走过程中有多种不同特色的景观时，人们会不自觉地放慢脚步加以欣赏，并且不会感觉到这段路程有很长。

② 广场空间组织的设计手法。广场空间的组织要重视实体要素的具体设计手法，因为实体要素能更直接地作用于人的感官，如硬质景观、水景、植物绿化、夜景照明等。在广场设计时，需要合理布置硬质景观、水景、植物绿化、夜景照明等，如图 2-30 所示。

图 2-29 乡村广场（圆形）

图 2-30 乡村广场硬质景观

（二）乡村道路的功能

1. 提供活动和休息场所

在建筑小品周围、花坛边、水旁、树下等处，可设计广场，为游人提供活动休息的场所。

2. 组织和划分空间

借助道路线形、轮廓、图案面貌的变化可以暗示空间性质、景观特点的转换，从而起到组织空间的作用。园林功能分区的划分多是利用地形、建筑、植物、水体或道路。对于地形起伏不大、建筑比重小的绿地，可以用道路围合来划分不同空间。

3. 组织交通和导游

经过铺装的园路能耐践踏、碾压和磨损，可满足各种劳务车辆运输的要求，并为游人提供舒适、安全、方便的交通条件。园内景点间的联系是依托园路进行的，为动态序列的展开指明了游览的方向，引导游人从一个景点进入另一个景点。园路还为欣赏园景提供了连续的不同的视点，可以取得步移景异的效果。

4. 构成乡村景观

道路本身的曲线、质感、色彩、纹样、尺度等与周围环境的协调统一，是乡村景观中不可多得的风景。道路的铺装材料及其图案和边缘轮廓，具有构成和增强空间个性的作用，不同的铺装材料和图案造型，能形成和增强不同的空间感，如细腻感、粗犷感、安静感、亲切感等。丰富而独特的道路还可以创造视觉趣味，增强空间的独特性和可识性。通过道路的引导，将不同角度、不同方向的地形地貌、植物群落等构成园林景观一一展现在眼前，形成一系列动态画面，园路也参与了风景的构图。

5. 组织排水

道路可以借助其路缘或边沟组织排水，一般绿地都高于路面，方能实现以地形排水为主的原则，道路汇集两侧绿地径流之后，利用其纵向坡度即可按预定方向将雨水排除。

（三）乡村道路的线形设计

乡村道路的线形包括平面线形和纵断面线形。线形设计是否合理，不仅关系到乡村景观序列的组合与表现，也直接影响道路的交通和排水功能。

1. 平面线形

（1）平面线形种类　平面线形是园路中心线的水平投影形态，包括直线、圆弧曲线、自由曲线三种线形。在规则式绿地中，多采用直线形园路；自然式绿地中，多应用半径不等且随意变化的自然曲线；道路转弯或交汇时，弯曲部分应取圆弧曲线连接，并具有相应的转弯半径。

（2）设计要求　园路平面位置及宽度应根据设计环境而定，做到主次分明。在满足交通的情况下，道路宽度应尽量小，以扩大绿地面积的比例。游人及各种车辆的最小运动宽度见表 2-1。

表 2-1　游人及各种车辆的最小运动宽度

交通种类	最小宽度 /m	交通种类	最小宽度 /m
大轿车	2.66	三轮车	1.24
卡车	2.50	摩托车	1.0
消防车	2.06	自行车	0.6
小轿车	2.00	单人	0.6

园路的曲折迂回应有目的性。曲折应避免无艺术性、功能性和目的性的过多弯曲，而为了满足地形及功能上的要求，如避绕障碍物、组织景观、串连景点、增加层次、围绕草坪、延长游览路线、扩大视野。

（3）平曲线最小转弯半径　车辆在弯道上行驶时，为保证行车安全，要求弯道部分应为圆弧曲线，该曲线称为平曲线，如图 2-31 所示。自然式道路曲折迂回，在平曲线变化时主要由当地地形、地物条件和造景的需要决定，在通行机动车的地段上，要注意行车安全。转弯半径在满足机动车最小转弯半径条件下，可结合地形、景物灵活处理，在条件困难的个别地段上，可以采用小的转弯半径，最小转弯半径为 6m。

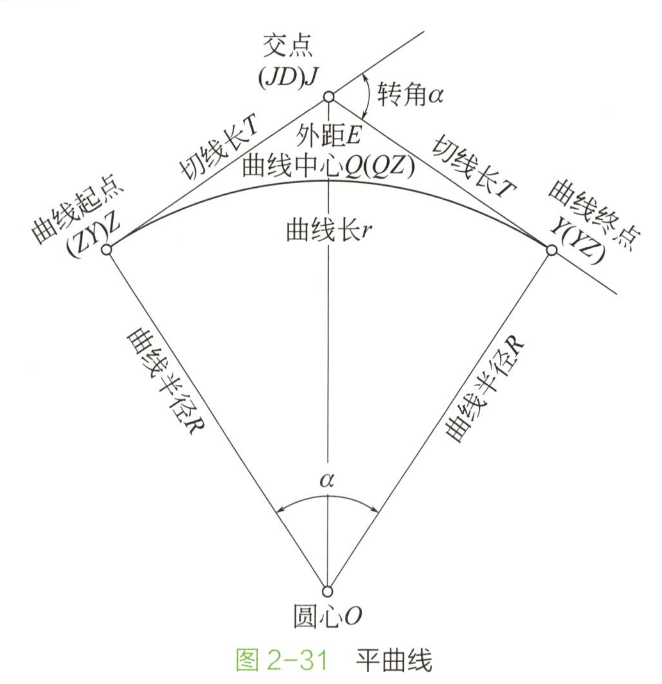

图 2-31　平曲线

（4）曲线加宽　汽车在弯道上行驶时，由于前轮的轮迹较大，后轮的轮迹较小，出现轮迹内移现象，转弯时所占道路宽度也比直线行驶时宽，而弯道半径越小，这一现象越严重，为了防止后轮驶出路外，车道内侧需适当加宽，称为曲线加宽，如图 2-32 所示。

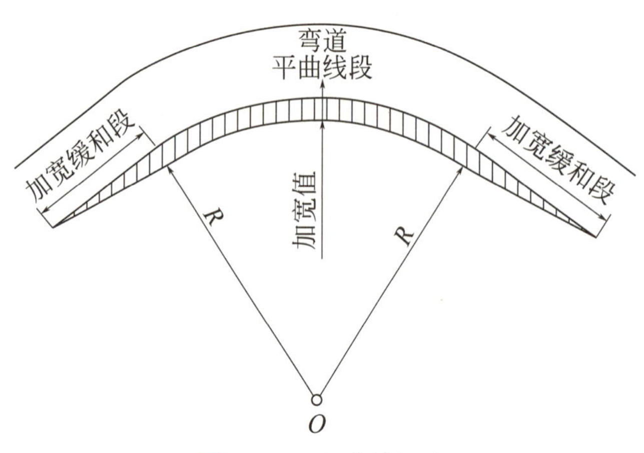

图 2-32　平曲线加宽

2. 纵断面线形

纵断面线形为道路中心线在其竖向剖面上的投影形态，它随着地形的变化而呈连续的折线，在折线交点处，为使行车平顺，需设置一段竖曲线。

（1）纵断面线形种类　纵断面线形包括直线和竖曲线。路段中坡度均匀一致，坡向和坡度保持不变用直线表示；两条不同坡度的路段相交时，必然存在一个变坡点。为使车辆安全平稳通过变坡点，须用一条圆弧曲线把相邻两个不同坡度线连接，位于竖直面内，用竖曲线表示。当圆心位于竖曲线下方时，称为凸形竖曲线；当圆心位于竖曲线上方时，称为凹形竖曲线，如图 2-33 所示。

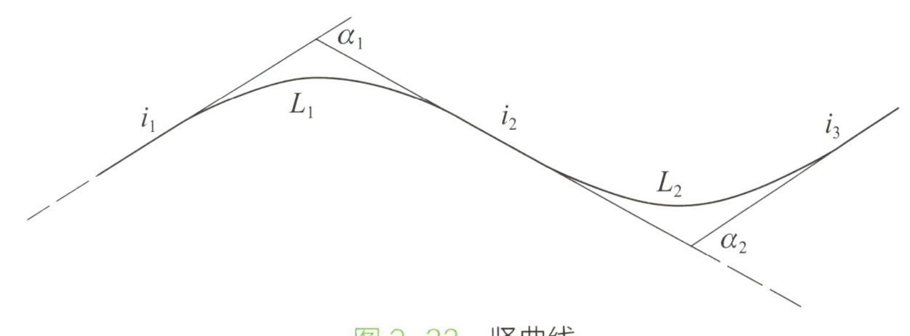

图 2-33　竖曲线

（2）纵断面线形设计要求　纵断面线形设计要根据造景的需要，应随形就势，一般随地形的起伏而起伏；在满足造景艺术的情况下，尽量利用原地形，以保证路基稳定，减少土方量，行车路段应避免过大的纵坡和过多折点，使线型平顺；园路应与相连的广场、建筑物和城市道路在高程上有一个合理的衔接，配合组织地面排水；纵断面控制点应与平面控制点一并考虑，使平、竖曲线尽量错开，注意与地下管线的关系，达到经济、合理的要求；行车道路的竖曲线应满足车辆通行的基本要求，应考虑常见机动车辆线形尺寸对竖曲线半径及会车安全的要求。

（3）纵横向坡度要求　纵向坡度指道路沿其中心线方向的坡度，行车道路的纵坡一般为 0.3% ～ 8%，以保证路面水的排除与行车的安全，游步道、特殊路应不大于 12%。横向坡度即垂直道路中心线方向的坡度，为了方便排水，横坡一般在 1% ～ 4% 之间，呈两面坡，弯道处因设超高而呈单向横坡。

（四）乡村道路的面层材料

一般道路的面层材料有整体路面、块料路面和碎料路面三种类型。

整体路面：包括现浇水泥混凝土路面和沥青混凝土路面。特点是平整、耐压、耐磨，适用于通行车辆或人流集中的公园主路和出入口，见图 2-34。

块料路面：包括各种天然块石、陶瓷砖及各种预制水泥混凝土块料路面等。特点是坚固、平稳，图案纹样和色彩丰富，适用于广场、游步道和通行轻型车辆的路段，见图 2-35。

碎料路面：用各种石片、砖瓦片、卵石等碎石料拼成的路面，特点是图案精美，表现内容丰富，做工细致，主要用于各种游步小路，见图 2-36。

图 2-34　整体路面

图 2-35　块料路面

图 2-36　碎料路面

（五）乡村道路设计基本形式

道路横断面的基本形式，根据道路交通组织特点的不同，道路横断面可分为一板两带式（图 2-37）、两板三带式（图 2-38）、三板四带式（图 2-39）等不同形式。一板两带式就是在路中完全不设分隔带的车行道断面形式；两板三带式就是在路中心设置分隔带将车行道一分为二，使对向行驶车流分开的断面形式；三板四带式就是设置两条分隔带，将车行道一分为三，中央为机动车道，两侧为非机动车道的断面形式。

图 2-37　一板两带式

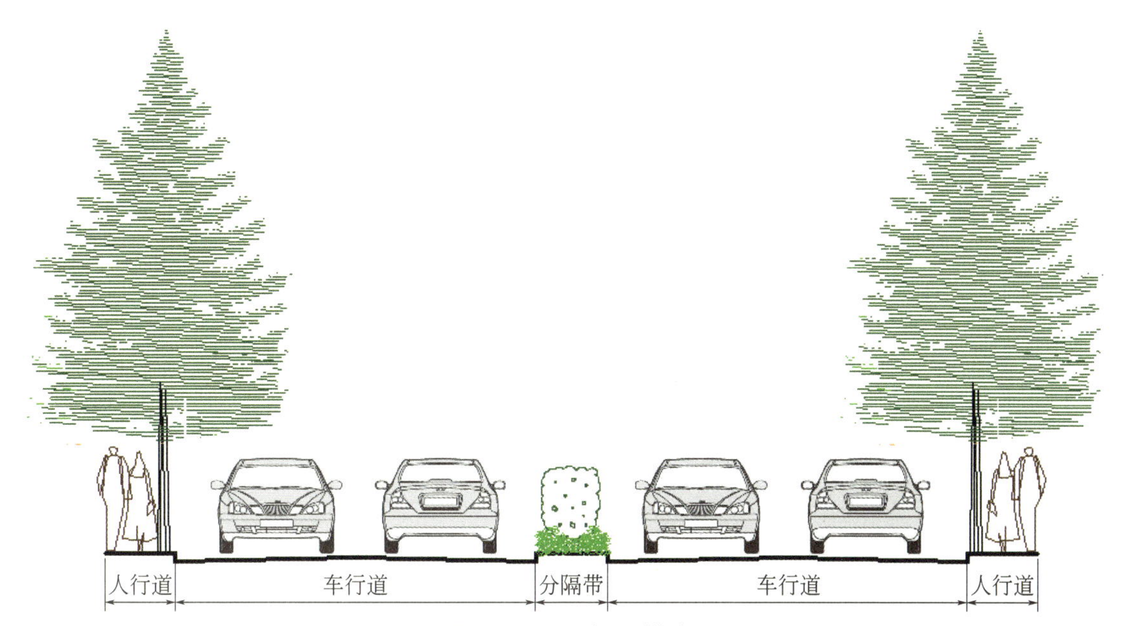

图 2-38　两板三带式

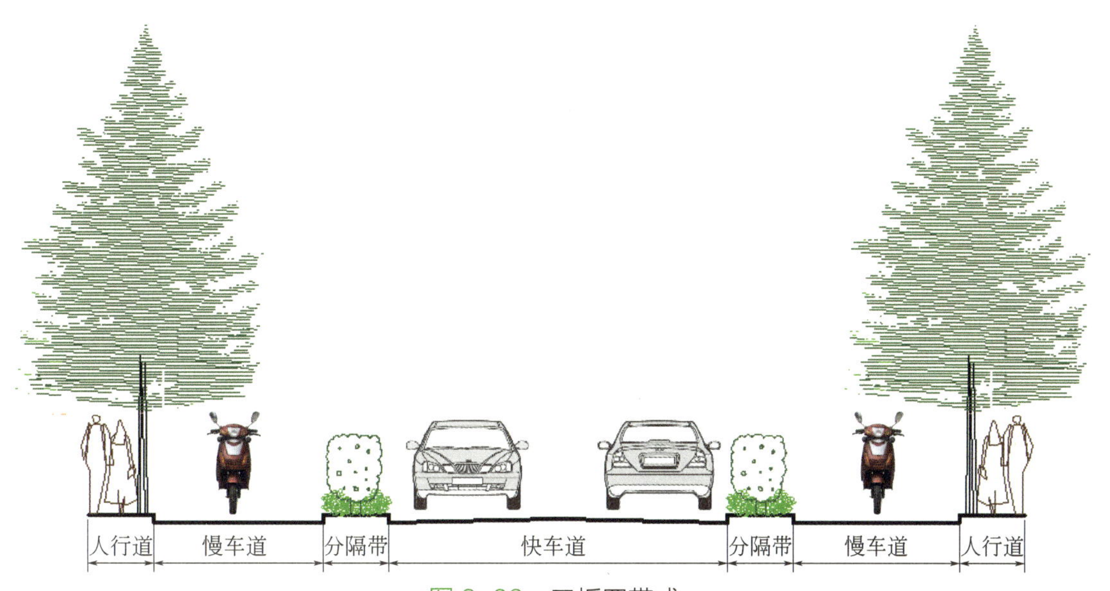

图 2-39　三板四带式

（六）乡村道路的附属构筑物

1. 道牙

道牙一般分为立道牙和平道牙两种形式。与路面相平的叫平道牙，平道牙又叫缘石；高于路面的叫立道牙，又叫侧石。道牙能保护路面，便于排水，安置在路面两侧，使路面与路肩在高程上起衔接作用，并能保护路面，便于排水。道牙一般用砖或混凝土制成，也可以用瓦、鹅卵石、切割条石。

2. 雨水井与明沟

雨水井与明沟是为收集路面雨水而建设的构筑物，采用砖块砌成，多为矩形。

3. 台阶

当路面坡度超过 12° 时，为了便于行人通行，可设台阶。台阶的宽度与路面的宽度相同，每级台阶的高度为 12 ～ 17cm, 宽度为 30 ～ 38cm。一般台阶不应连续使用，每 10 ～ 18 级后应设一段平坦的地段，供游人短暂休息恢复体力。

4. 种植池

在路边或广场上栽种植物，一般应留种植池。种植池的大小应由所栽植物的要求而定，一般乔木每边应留 1.2 ～ 1.5m。种植池的施工材料，特别是外池壁的贴面砖材料最好与园路面层材料一致，色彩或质地略有区别，但反差不宜太大。

三、景观小品设计

景观小品具有精美、灵巧和多样化的特点，体量较小、色彩单一，对空间起到点缀作用，起到画龙点睛的作用。①小品属于结构物，多由简单的工程材料组成，内部空间少，如栏杆、板凳。②十分注重与周围环境的协调和呼应，可以作为主题、也可以作为非主题出现，主要起点明主题、烘托气氛的作用。③和传统建筑比较，造型和设计形式更加灵活，常常不拘泥于模式的制约，是景观里比较灵活的部分。④小品色彩丰富，但造型一般简洁明了，是现代景观中不可或缺的部分。它不仅具有简单的实用功能和装饰作用，更是艺术与自然的结合，是情感的另类表达。有了它，景观更加生动，更加有人情味，可以提升乡村形象，推进乡村建设，进一步提高乡村人民文化素质，丰富人民精神文化生活，丰富本区域的文化发展。它不仅在功能上满足人们的行为需求，还能在一定程度上调节庭院的空间感，使人在这个空间感中获得乐趣。如一块新颖的指示牌，一组精美的隔断，一座构思独特的雕塑，以及河边的汀步等，它们都是景观小品，设计创作时可以做到“景到随机，不拘一格”，在有限空间得其天趣。

（一）景观小品设计的目的

景观小品设计目的在于大众对乡村景观小品审美的启蒙，唤起人们对自然朴实之美的认识。通过城市与乡村风貌特色的对比，鲜明地体现出乡村特色。

（二）景观小品的分类

1. 建筑小品

建筑小品包括亭、廊、花架、雕塑、宣传墙、建筑手绘墙、楼阁、牌坊等，如图 2-40 所示。

2. 生活设施小品

生活设施小品包括座椅、电话亭、邮箱、邮筒、垃圾桶等，如图 2-41、图 2-42 所示。

3. 道路设施小品

道路设施小品包括小桥、车站牌、街灯、防护栏、道路标志等，如图 2-43 所示。

图 2-40　亭

（三）景观小品的设计原则

设计景观小品时需结合乡村当地资源，例如重要文化资源、重大历史事件、人物、民间传说、牌坊等，进行亭、廊、花架、古桥、园椅、标识标牌、主题雕塑、卫生设施工程、解说设施工程、管理设施工程等小品的创意设计。突出重点，细节设计到位。创意是景观小品设计的源泉，是乡村旅游发展的驱动力。

图 2-41　座椅

景观小品在创作过程中要遵循以下设计原则：

1. 功能满足

景观小品在设计中要考虑到功能因素，无论是在实用上还是在精神上，都要满足人们的需求，即满足人们的心理和生理需求。尤其是建筑小品的艺术设计，它的功能设计是更为重要的部分，要以人为本，满足各种人群的需求，尤其是残疾人的特殊需求，体现人文关怀。

图 2-42　垃圾桶

2. 生态原则

一方面节约节能，采用可再生材料来制作景观小品；另一方面在景观小品的设计思想上引导和加强人们的生态保护观念。

图 2-43　道路标识牌

3. 个性特色

景观小品设计必须具有独特的个性，这不仅指设计师的个性，更包括该景观小品对它所处的区域环境的历史文化和时代特色的反映，吸取当地的艺术语言符号，采用当地的材料和制作工艺，产生具有一定的本土意识的环境艺术品设计。

4. 情感归宿

室外环境艺术品不仅带给人视觉上的美感，而且更具有意味深长的意义。好的环境艺术品注重地方传统，强调历史文脉，包含了记忆、想象、体验和价值等因素，常常能够成为独特的、引人入胜的意境，使观者产生美好的联想，成为室外环境建设中的一个情感节点。

四、景石设计

（一）景石概述

景石在景观美化设计中有着很重要的地位，它的使用频率越来越高，它不仅美观实用，而且材料易得，几乎是无处不在；用途广泛，在景观设计中随处可见其身影，如入口、天井、凉亭、庭院、水池、门廊、草坪、小径、栏杆等都需要景石来装饰美化，起点睛之笔。如在水池边使用景石驳岸，适当配置绿色植物，可美化水池驳岸线，丰富水池的立体景观，为水池增添生机活力，如图 2-44 所示。它的造景方式有假山和置石两种。

1. 假山

假山是以土、石等为材料，以自然山水为蓝本并加以艺术的提炼和夸张，是用人工再造的山水景物。它是通过园林艺术家的构思立意和创作活动，用许多小石块的山石堆叠而成的具有自然山形的景观小品，如图 2-45 所示。它以造景游览为主要目的，充分地结合其他多方面的功能作用。它的体量可大可小，小者如同山石盆景，大者可高达数丈。一般来说假山的体量大而集中，可观可游，使人有置身于自然山林之感。假山因材料不同，可分为土山、石山和土石混合山等形式。

图 2-44 水池驳岸

图 2-45 景石——假山

2. 置石

图 2-46　景石——置石

置石则主要以观赏为主，结合一些功能方面的作用，体量较小而分散。以山石为材料作独立性或附属性的造景布置，主要表现山石的个体美或局部的组合，而不具备完整的山体，如图 2-46 所示。

在景观设计中，景石的使用是灵活的，没有固定的模式。不同形状、不同大小、不同色彩的石头点缀在庭院或草坪内将是一道亮丽的风景。景石使用的效果主要取决于景观设计师的创意。可以用它们作踏脚石，创造出山路的意境，甚至可以用来装饰驳岸。石头的大小、形状和表面的肌理需要考虑，例如，用作阶梯的石头其大小要适当，形状要扁平，表面要粗糙，这种石头方便走路，潮湿的时候也不容易滑倒。庭院的石头要直立，形状要奇特，纹理清晰，才能体现景石的美。

总之，景石以石形奇异、石色奇丽、石质奇坚、石纹奇妙为上品，越奇越有经济价值。

（二）景石常见石品

乡村景观中用于堆山、置石的石品极其繁多，产地分布广。现将景石常见石品介绍如下。

1. 湖石类

湖石因原产太湖一带而得名，它是一种经过溶蚀的石灰岩，在我国分布很广，是江南园林中运用最为普遍的一种。除太湖一带盛产外，广东、北京、江苏、山东、安徽等省市均有出产，各地湖石只在色泽、纹理和形态方面有些差异。湖石可分为以下几种：

（1）太湖石　真正的太湖石原产于苏州所属太湖中的洞庭西山，又称南太湖石。此石在水中和土中皆有所产，产于水中的太湖石色泽多为浅灰中露白色，比较丰润、光洁，也有青灰色的，具有较大的皱纹，而细小的皴摺较少；产于土中的湖石于灰色中带青灰色，少有光泽，遍布细纹。太湖石大多是从整体岩层中采凿出来的，其靠土面一般有人工采凿的痕迹。

太湖石质坚而脆，纹理纵横，脉络显隐。石面上遍多坳坎，称为“弹子窝”，扣之有微声。还很自然地形成沟、缝、穴、洞。有时窝洞相套，玲珑剔透，蔚为奇观，有如天然的雕塑品，观赏价值比较高，如图 2-47 所示。

（2）房山石　产于北京房山而得名，它与太湖石明显不同，质地不如南方的太湖石那样脆，有一定的韧性，密度亦比太湖石大，扣之无共鸣声，多密集的小孔穴而少有大洞，外观比较沉实、浑厚、雄壮，如图 2-48 所示。

（3）英石　原产广东英德一带。英石质坚而特别脆，用手指弹扣有较响的共鸣声，淡青灰色，有的间有白脉纹络。这种山石多为中、小形体，少见大块的。根据色泽的差异，英石又可分白英、灰英和黑英三种。用作山石掇山、特置、散置，也常用于几案石品，如图 2-49 所示。

图 2-47　太湖石

图 2-48　房山石

图 2-49　英石

（4）灵璧石　产于安徽灵璧县，石产于土中，被赤泥渍满，用铁刀刮洗方显本色。石色灰而清润，质地亦脆，用手弹亦有共鸣声。石面有坳坎的变化，石形亦千变万化，但其很少有宛转回折之势。这种山石可掇山石小品，更多的情况下作为盆景石，如图 2-50 所示。

（5）宣石　产于安徽宁国县，其色有黄色，非刷净不见其质，所以越旧越白，有积雪一般的外貌，如图 2-51 所示。

2. 黄石

因色黄而得名，是一种带橙黄颜色的细砂岩，其景石的型体顽劣、平整大方，立体感强，块钝而棱锐，雄浑沉实，节理近乎垂直，见棱见角，具有强烈的光影效果。产地很多，以常熟虞山的自然景观为著名，苏州、常州、镇江等地皆有所产。明代所建上海豫园的大假山、苏州耦园的假山和扬州个园的秋山均为黄石掇成的佳品，如图 2-52 所示。

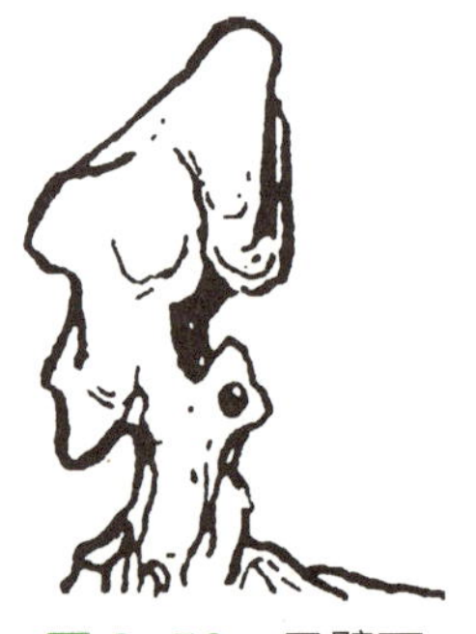

图 2-50　灵璧石

图 2-51　宣石

图 2-52　黄石

3. 青石

产于北京西郊红山口一带，均为一种青灰色的细砂岩。质地纯净而少杂质，常有交叉互织的斜纹，多呈片状，故又有“青云片”之称，如图 2-53 所示。

4. 石笋

石笋即外形修长如竹笋的一类山石的总称。其产地甚广，石皆卧于土中，采出后直立地上。园林中常作独立小景布置，多与竹类配置，如扬州个园的春山等，如图 2-54 所示。

常见石笋可分为以下 4 种：

（1）白果笋　在青色的细砂岩中，沉积了一些白色的角砾石，故称子母石，在园林中作剑石用称“子母剑”。又因为此石沉积的白色角砾岩犹如白果，因此亦称白果笋。

（2）乌炭笋　这是一种乌黑色的石笋，比煤炭的颜色稍浅而无光泽。如用浅色景物作背景，这种石笋的轮廓就更清新。

（3）慧剑　这是一种近似青灰色、水灰青色的石笋。北京颐和园前山东部山腰有高达数丈的大石笋，就是这种“慧剑”，如图 2-55 所示。

（4）钟乳石笋　将石灰岩经溶蚀形成的钟乳石，用作石笋以点缀园景，北京故宫御花园中有用这种石笋作特置小品的，如图 2-56 所示。

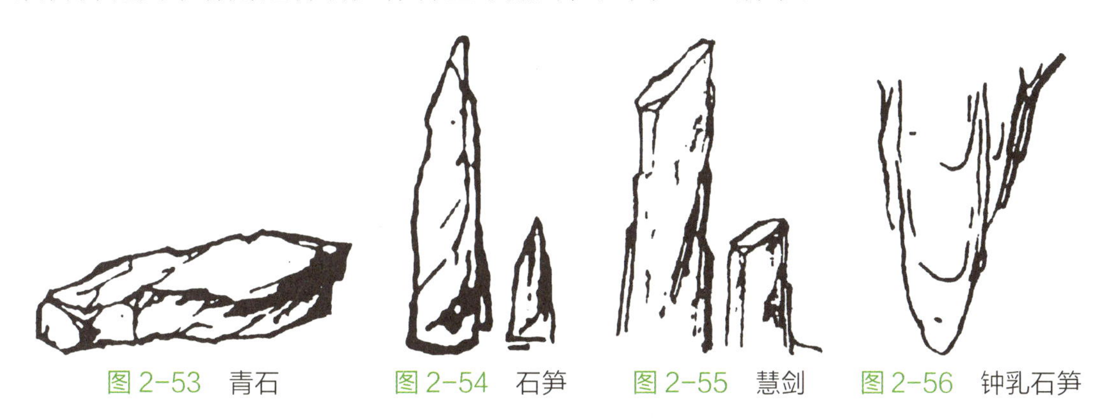

图 2-53　青石　　图 2-54　石笋　　图 2-55　慧剑　　图 2-56　钟乳石笋

5. 黄蜡石

黄蜡石色黄，表面油润如蜡，产地主要分布在我国南方各地。其个体有的浑圆如大卵石状，有的石纹古拙，形态奇异，多为块料而少有长条形，如图 2-57 所示。由于其色优美明亮，常以此石作孤景，或散置于草坪、池边和树荫之下。与此石相近的还有墨石，色泽褐黑、丰润光洁，极具观赏性，多用于卵石小溪边，并配以棕榈科植物。

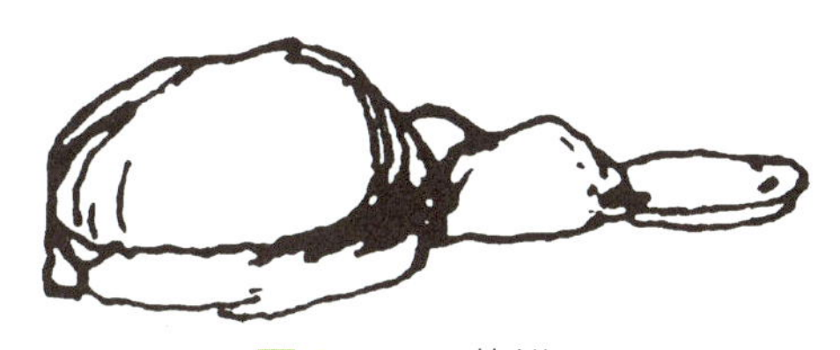

图 2-57　黄蜡石

6. 三都石

三都石属于石灰岩类，主要分布在两广、贵州、湖南等地喀斯特地形地区，因多产于石都柳州三都镇而得名。此石具有太湖石的一般特点，自然色泽为灰白，体型大小不一，多为大块状。好石多埋于土中，主景面有时露于地表面，挖石较难，一旦成功多为佳石。三都石还有一特点，用草酸或盐酸加洗衣粉洗涤石面，色泽由灰白变成深黑，观赏效果更佳。目前，此类山石已广泛应用于乡村景观造景。

（三）景石的观赏价值

景石在装饰美化环境的同时亦具有观赏价值，景石的观赏价值可从形、色、质、纹四个方面入手。

“形”，要求景石石形完整，多姿多态，风情万种，以天然为观，石中精品则为奇。石中以形取胜的则有山东泰山石、湖北幻彩红、宜昌三峡浪、三峡西陵石、安徽灵璧石。

“色”，以色艳为上品，物以稀为贵，通常有色的石材比较少。市面上有色的景石有湖北的幻彩红、宜昌的三峡浪、河北的晚霞红。

“质”，以坚为要，以硬为妙，手感润滑细腻为上。景观石通常有花岗岩、大理石、石灰石等材质，同一颜色则花岗岩为佳，市面上花岗岩材质的景石有湖北的幻彩红、宜昌的三峡浪、山东的泰山石，花岗岩材质的景石具有不退光、不褪色、不反碱的优点。

“纹”，图纹清晰、质纹流畅、线条柔和为上品。常见有石纹的景观石有湖北的幻彩红、山东的泰山石、宜昌的三峡浪。

（四）景石应用方法

乡村景观空间造景讲究生态效益，注意结合当地生态条件，提倡以植物造景为主，尽量少用硬质景观。山石是没有生命的建材，在乡村景观中它并不是必不可少的物质要素，但由于山石造景具有独特的观赏价值，给人以无穷的想象空间和精神享受。因此，它在乡村景观中也具有重要的构景作用。在乡村景观中，景石常结合植物、水体、建筑、道路与广场、地形组成各种乡村景观。常见的应用如下。

1. 孤赏景石

乡村景观中常选古朴秀丽、形神兼备的湖石、斧劈石、石笋石等置于庭园主要位置中，供人观赏，往往成为乡村景观中的一景。石作为主景，在环境中被赋予一定的目的和感情色彩，使石具有独特的艺术感染力，吸引人们观赏，如图2-58所示。

2. 对置景石

在两侧相对位置呈对应状态布置山石称对置。两石可对称，亦可不对称，但彼此呼应，如图 2-59 所示。

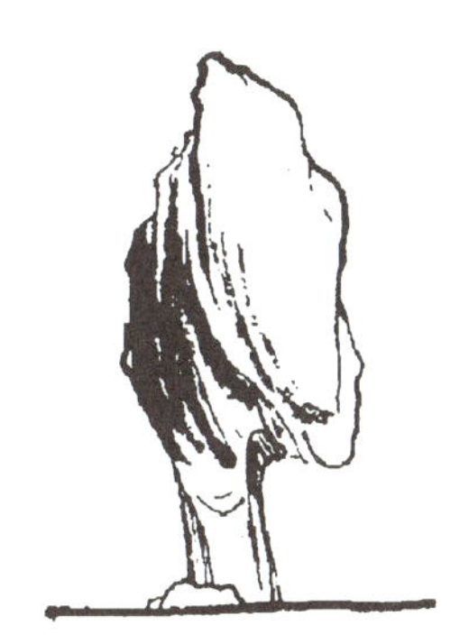

图 2-58　孤赏景石

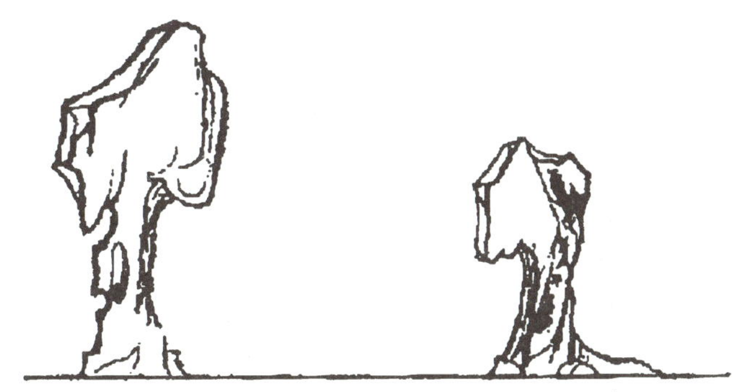

图 2-59　对置景石

3. 散点景石

散石，三三两两、三五成群，散置于路旁、水边、林下、山麓台阶边缘、建筑物角隅，配合地形，植以花木，有时成为自然的几凳，有时成为盆栽的底座，有时又成为局部高差、材质变化的过渡，是一种非常自然的点缀和提示，这是山石在乡村景观中最为广泛的应用，如图 2-60 所示。

图 2-60　散点景石

4. 踏步景石、汀步景石

用石做踏步、汀步，具有划分空间、丰富地面、水面景观和引导游览路线的双重功能，如图 2-61、图 2-62 所示。

5. 踏跺和蹲配景石

常用自然山石做成踏跺，其位于建于台基上的建筑小品出入口的部位，用于建筑小品室内外上下的衔接过渡。踏跺石材应选择扁平状的各种角度的梯形甚至

图 2-61 踏步景石

图 2-62 汀步景石

是不等边的三角形，每级宽度为 30cm，有的还可以更宽一些；每级的高度不一定完全一样，约 10 ～ 20cm；踏跺每一级都向下坡方向有 2% 的倾斜坡度以便排水；石级断面要上挑下收，以免人们上台阶时脚尖碰到石级上沿；用小块山石拼合的石级，拼缝要上下交错，以上石压下缝。

与踏跺结合使用的通常有蹲配，“蹲配”以体量大而高者为“蹲”，体量小而低者为“配”。除了“蹲”以外，也可“立”、可“卧”，以求组合上的变化，但务必使蹲配在建筑小品轴线两旁有均衡的构图关系，如图 2-63 所示。

6. 抱角和镶隅

用景石环抱紧建筑墙面的外墙基角，称为抱角；以景石填镶于墙内角，称为镶隅，如图 2-63 所示。

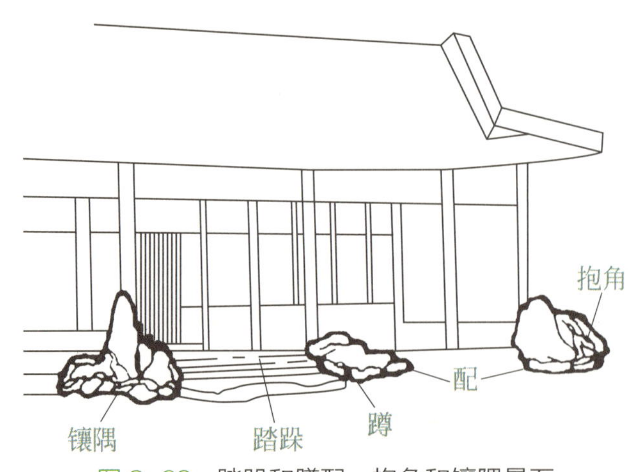

图 2-63 踏跺和蹲配、抱角和镶隅景石

7. 廊间景石

乡村景观设计中的廊为了争取空间的变化和使游人从不同角度去观赏景物，在平面上做成曲折回环的半壁廊，廊与墙之间形成一些大小不一、形体各异的小天井空地，运用景石“补白”，使之在很小的空间里也有层次和深度的变化。同时可以诱导游人按设计的游览序列入游，丰富沿途的景色，使建筑小品空间小中见大，活泼无拘。

8. 雕塑景石

雕塑景石指有花岗岩、砂石、大理石等天然石料或人造石料制成的雕塑，如图 2-64 所示。

9. 喷泉景石

喷泉景石即景石与水景的组合，彰显艺术气氛，如图 2-65 所示。

10. 瀑布景石

以乡村地形为依据堆石，引水由上而下，形成瀑布跌水。这种做法俗称“土包石”，是目前最常见的假山景做法。自然式瀑布尽量遮掩人工的痕迹，着重体现一种天然的韵味，如图 2-66 所示。

11. 驳岸景石

用石或沿水面或沿高差变化山麓堆叠，高低错落，前前后后变化，起驳岸作用，也作挡土墙，同时使之自然、美观，如图 2-67 所示。

图 2-64 雕塑景石

图 2-65 喷泉景石

图 2-66 瀑布景石

图 2-67 驳岸景石

五、乡村水景设计

水景是乡村景观的重要组成部分，其在乡村景观创作中具有诸多的特点：有静的和平，有动的旋律，有韵致无穷的倒影，它是所有景观设计元素中最具吸引力的一种。

水受到重力、水压、流速及水流界面变化的作用，而产生流动、下降、滑落、飞溅、漩涡、喷水、水雾等运动形式；同时，水还易受光线、风等的影响而具有倒影、波纹等特有的景观现象。它极具可塑性，可静止、可活动、可发出声音，可以映射周围景物等，可单独作为艺术品的主体，也可以与建筑物、雕塑、植物或其他艺术品组合，发挥多方面的造景作用和功能。如加强景深，丰富空间层次，烘托气氛，深化意境，降温吸尘，改善环境，可以开展水上活动及种养水生动植物等，创造出独具风格的作品。水是最活跃、最具设计灵活性的造园要素之一。

（一）乡村景观水体形态特征类型

乡村景观水景的美不仅能引起人们生理上的视听美感，更重要的是体现于人文景观和意识形态的共鸣。从景观的角度看，水态可以分为四大类型，即喷涌、垂落、流变及静态。

1. 喷涌

喷涌是指水体由下向上喷涌而出的一种水态，也是地下泉水向上喷涌的一种自然形态。这种喷泉形式经过人工长期以来的研究发展，喷涌的载体如水池、水管变化万千，从而也产生水体本身喷涌形态的千变万化，有喷泉和涌泉两种形式，如图 2-68、图 2-69 所示。

图 2-68　喷泉

图 2-69　涌泉

2. 垂落

垂落是水体由上向下坠落的一种自然水态。最常见的是降雨，它是一种自然生态现象，有狂风暴雨、瓢泼大雨、滴答中雨以及霏霏细雨的自然景观。人类对这种自然现象，有刺激、恐惧、聆听、观赏、遐想的反应，往往成为诗情画意的启迪元素，作为乡村景观水景欣赏的一个方面。

人工垂落水态最常见的是瀑布（图2-70）与水幕（图2-71），在大自然风景区中尤多。瀑布是水由高处向下悬空自然坠落的形态，由于山石的布局、位置、体量、高差差别很大，就产生了极为丰富的瀑布形态，如线瀑、飞瀑、人字瀑、葫芦瀑等象形瀑。水幕的形态一般有两种，一种是水量较大，厚如帷幕，另一种是水量较小，均匀分布，透明如纱。

图 2-70 瀑布

图 2-71 水幕

3. 流变

水是一种无定形的自然物质，它可以随形而变，故可以完全由人工创造不同的载体而产生不同的流变形态：既可以由上流下，也可由下而上喷涌，更可以肆意流变而产生如水涛旋涡、壁泉、管流、溢流、泄流、跌水（图2-72）以及溪港等多种水态。

图 2-72 跌水

以溪水为例说明流变水态的丰富多样性，如图2-73所示。溪水属于流变的一种水态，形式甚为丰富，仅从乡村景观角度看，可大致分为：以植物为主的生态溪、以石为主的石溪、以一定主题为特色的文化溪等。

（1）以植物为主的生态溪又可分为花溪、树溪、草溪、生物溪等。

① 花溪（如海棠溪、芙蓉溪、桃花溪以及荷塘中开辟的荷花溪、白莲溪等）的设置完全可根据设计者的立意，因就环境，选择花种而获得所需要的生态环境。花溪是最能在不同季节产生丰富多彩季相之美的一种水态，如图2-74所示。

图 2-73 溪水

图 2-74 花溪

② 各种耐水湿的大小乔木均可构成树溪，其独到之处在于它可以设计成具有高大宽阔的绿茵水面空间环境。如果不是单一的树种，而是多种植物的组合，配置适宜，则更可产生红花绿叶、姿态婀娜的季相之美。

③ 草溪是在植物生态溪所展示的水草景观，如图 2-75 所示，目前尚不普及，多依自然的水溪、温泉而设，如水温适中，冬不结冰、泉溪中水草植物攀附溪水泉石之中，水流清澈，成为欣赏各种水草的胜地，显示出一种自然而朴实的野趣之美。

图 2-75 草溪

图 2-76 石溪

④ 在有条件的乡村景观溪水中可饲养一些小小的水禽动物组成生物溪，使景观更为活泼，富有生机。

（2）以石为主的石溪以突出水中、水旁的大小石块为主，有水流、石块，就可构成各种各样的水花浪石，或急流腾冲，或湍流击石，或涓涓细流，或滢滢回旋，水花四溅，仪态万千，形成一种水与石的交响乐，如图 2-76 所示。

（3）乡村景观中的溪流设计最好也赋以一定的文化内涵，并配以相应的设施，打造一定主题为特色的文化溪，如湖面上的音乐会、赛艇夺标、夜游泛舟赏月等。曲水流觞是中国传统理水最具民族性、文化性的一种方式。另外可以结合广泛的历史文化题材，如浙江天台山国清寺的“一行到此水西流”，仅仅以此点题、立碑就给游人带来一个僧人求道的传奇故事，而将这条溪水赋以禅意的历史性、文化性的内涵，从而加强了溪水的可赏性与教育性。即使不具备这种历史文化性的客观条件，也可以由设计者构想出许许多多与寓言故事、雕塑文化乃至自然生态等与时尚题材相结合的内容。

4. 静态

静态水面是相对而言，静态水景只是说明它本身没有声音、很平静。这些都是人的视觉、听觉的主观感受。乡村景观风景中的静态水面，大者如杭州西湖、北京昆明湖；小者为一池一潭。而外在的自然因素如风也可使之变为动态，如“风乍起，吹皱一池春水”，由此而产生那些富有观赏性、象征性、文化性、哲理性的人文精神的内涵。静态的水虽无定向，看似静谧，却能表现出深层次的、细致入微的文化景观。

（二）水景设计

水是美的，但也需要与之相衬托的景观饰物，如驳岸砌石桥、汀步、水中生物、景石以及雕塑等，和观景亭、台、榭、船甚至玩水的游戏设施、小游泳池等，才能使乡村景观理水艺术更为丰富。亭或临水建于岸边陆地，或跨水建于水中。更有一些特色的水景亭如观瀑亭、听涛亭、望江亭、观潮亭等，多设于不同水体、水态的最佳位置，并须与主要观赏水景的体量大小、形态环境、风格等相适应。

（1）渡水之桥是根据乡村景观水面的位置、面积、形状、水量等种种情况而设置的园桥，形形色色、千姿百态、不可胜数。汀步的设置可高可低，可大可小，可为人工的几何图形，亦可为自然的石块，皆能增加渡水的趣味。乡村景观中的小桥形式丰富，装饰性、趣味性甚至超过其交通的使用功能。如图 2-77、图 2-78 所示。

图 2-77　小桥（一）

图 2-78　小桥（二）

（2）不系舟是中国古典园林中一种特殊的景观建筑，外形模仿江湖中的游船画舫，因其固定不能移动，又称旱船，其下部往往用石材砌筑。在乡村景观设计中，也常常采用这种园中设舟的形式，置于草坪中或浮于水面，如图 2-79 所示。

（3）水生动植物水旁的乔木可以遮阴、护岸、成景，或构成画框。灌木、草皮和地被植物可以起到挡景、固水土、护驳岸、丰富水旁色彩的作用；有的直接构成水旁的“绿壁”；有的则在水旁的墙壁上爬以蔓性植物而形成“绿障”，使水面空间完全为绿色所覆盖。水生的小动物在乡村景观中当以观赏鱼类最普及。

（4）驳岸的景观应根据乡村景观中的水体、水态及水量的具体情况而定：大型的风景区或乡村景观的水面，驳岸景观一般比较简洁、开阔，水、路、缓缓的草坡，与林冠线丰富的树林可以组成十分醒目的美丽的水景。乡村景观小水池驳岸要求布置细致，与各色花草、石块相结合。水景中的小品是理水中不可缺少的因素，包括附加于理水的种种实用的或装饰性的小品。各种水体、水态设计构思的建筑小品有壁泉的墙壁、管流的各种形式的管子、喷泉的鱼嘴喷口、叠水的台阶等。为了加强水的意念，常常在装饰设施上增添与水有关的小品。运用最多的要数水车，无论水车是置于陆地或水旁、水中，更不论这水车是真是假，只要有水车之形就能产生水的意，而成为加强水景的特色小品，如图 2-80 所示。为了丰富大水面的色彩，或增加趣味，有以色彩鲜艳或形状奇特的游船、水上自行车、荷花或其他小饰物来打破单调、沉寂的水面，或在池底涂上鲜艳色彩的纹样等。水中雕塑是最普遍的乡村景观理水设施。

图 2-79　不系舟

（三）水景分类

水景是乡村景观构成的重要组成部分，水的形态不同，则构成的景观也不同。水景一般可分为以下几种类型。

1. 水池

园林景观中常以天然湖泊作水池，尤其在皇家园林中，此水景有一望千顷、海阔天空之气派，构成了大型园林的宏旷水景，如图 2-81 所示。而私家园林或小型园林的水池面积较小，其形状可方、可圆、可直、可曲，常以近观为主，不可过分分隔，故给人的感觉是古朴野趣。宋朱熹诗句“半亩方塘一鉴开，天光云影共徘徊。问渠哪得清如许？为有源头活水来。”道出了庭园水池之妙，极富哲理。

图 2-80　水车

图 2-81　水池

2. 瀑布

瀑布在乡村景观中虽用得不多，但它特点鲜明，即充分利用了高差变化，使水产生动态之势。如把石山叠高，下挖成潭，水自高往下倾泻，击石四溅，飞珠若帘，俨如千尺飞流，震撼人心，令人流连忘返。

3. 溪涧

溪涧的特点是水面狭窄而细长，水因势而流，不受拘束。水口的处理应使水声悦耳动听，使人犹如置身于真山真水之间。

4. 喷泉造景

运用自然资源、人工机械和乡村景观设计等的方法，与周围环境采用明暗色彩对比、光影重叠等手法形成的喷泉水景观。有以音响为主的喷泉水景观，有以趣味性为主的喷泉水景观，有以观赏为主的喷泉水景观等。

5. 跌水

自上而下，从高到低的通过水流扩大空间感。不同的高度差，产生不同的水景效果，有的缓缓而下，有的奔流而入。

6. 泉水

泉水通常是溢满的，一直不停地往外流出。古有天泉、地泉、甘泉之分。泉的地势一般比较低，常结合山石，光线幽暗，别有一番情趣。游人缘石而下，得到一种“探源”的感觉。

7. 潭

潭一般与峭壁相连。水面不大，深浅不一。大自然之潭周围峭壁嶙峋，俯瞰气势险峻，有若万丈深渊，如图 2-82 所示。庭园中潭之创作，岸边宜叠石，不宜披土；光线处理宜荫蔽浓郁，不宜阳光灿烂；水位线宜低，水面不宜

图 2-82 渊潭

高。水面集中而空间狭隘是潭的创作要点。

8. 滩

滩的特点是水浅，与岸高差很小。滩景结合洲、矶、岸等，潇洒自如，极富自然。

9. 水景缸

水景缸是用容器盛水作景。其位置不定，可随意摆放，内可养鱼、种花以用作庭园点缀之用。如图 2-83 ～图 2-85 所示。

除上述类型外，随着现代乡村景观艺术的发展，水景的表现手法越来越多，如涌泉等，均活跃了乡村景观空间，丰富了乡村景观内涵，美化了乡村景观的景致。

水景设计应注意以下几点：

图 2-83 石材水景缸

图 2-84 仿石材水景缸

图 2-85 陶瓷水景缸

（1）水景的亲和力　水景要从游人的角度来设计亲水、赏水的美景，从而引起游人的共鸣，通过水景得到思想情感及内心世界上的共鸣。

（2）水景的形态　在进行水景设计时，会仿照不同的江河形态来进行设计，并且要表现自然流淌的水景形态才能符合自然的要求，可以适当的研究水体水态的自然形式，并构建自然的水态，通过水态来呈现出水景的自然效果，才能达到成功的水景设计。

（3）水体周边的装饰　在进行水景设计时，也不能少了各种装饰品来进行衬托，例如水中放置各种奇形怪状的石头，既可观赏而且也能与水石形成为一体的自然景观，水中还可放置漂亮的锦鲤，以提升整个水景的活力，而且还能吸引众多游客的驻足常留。

（4）注意安全问题　水景设计时，要注意防止漏水、渗水、漏水，水池深度应该符合相关规范要求。《公园设计规范》（CJJ 48—92）规定，硬底人工水体的近岸 2.0 米范围内的水深，不得大于 0.7 米，达不到此要求的应设护栏，无护栏的园桥、汀步附近 2.0 米范围以内的水深不得大于 0.5 米。

六、乡村景观绿化设计

（一）乡村景观绿化设计概述

乡村植物营造首先要考虑区域内生态格局的完整，考虑植物的多样性，留住自然生长的植物群落。要使区域生态格局系统化，应在乡村景观植物设计中改变以往单纯种花、植树的绿化方式，从更大范围的生态角度出发，突破边界，整体考虑地区的生态安全和生产生活安全，关注气候、地理位置条件和生态链方面的关系，培育多样性植物种类群落。秉着以生态平衡为本的景观设计理念，在物种之间尽量考虑到多样性，考虑人、动物、植物、微生物之间的需要，考虑生产、居住与阳光之间的关系，形成生态循环关系，维系人、土地、微生物之间的生态体系。

种植方式上，应以大型乡土乔木构建乡村景观骨架，尤其是已经存在的古树或成片的树林，通过整体布局、局部补种来营造整体效果，形成乡村视觉的背景景观。速生树和慢生树交替种植，以本地树种为主，将外来树种作为极少部分的补充。小型木本、草本植物以及藓类等可作为乡间道路的植物景观，营造丰富多彩的视觉效果，如蒲苇、芒草、狼尾草、芦竹等乡土观赏草，再配以野生花卉，切勿过多使用城市灌木。岸边可种植枫杨、香樟、水杉、垂柳等乔木，选择萱草、千屈菜、鸢尾护岸，挺水植物则选用水芹、慈菇等。在乡村入口处或转折处，孤植大树作主景，起营造提示功能。公共空间适宜种植高大落叶乔木，以满足绿化和遮荫的要求。庭院里藤蔓植物选用葫芦、丝瓜、葡萄等进行垂直绿化。

（二）乡村景观绿化设计原则

1. 生态优先

以改善大气环境质量、保护生态环境资源、提高生活环境水平为目标，在降低交通能耗、减少尾气污染的同时，将道路绿化与地域自然风貌、历史、文化相结合，运用美学原理、科学设计，实现生态、景观、休息等多功能的协调发展，提供健康、安全、舒适的出行空间。

2. 以人为本

做到乔、灌、花、草相结合，形成赏心悦目的村镇街景；同时要符合安全行车视线、安全行车净空和行人安全通行的要求。

3. 因地制宜

植物种植应适地适树，乡土树种优先。本土植物在当地经过千百年来的验证，适合当地的环境生长，既可以保持良好的生长，具有种群的多样性和适应性的特点，能很好地表现当地的植物景观特色、整体乡村景观形象，提高景观辨识度。也可适当利用引种栽植成功的新品种，丰富树种，科学配置。土壤和土层厚度必须满足植物正常生长需求，对不适宜的土壤改良后进行绿化。

4. 植物多样性

绿化植物要考虑植物多样性的原则。切忌树种过分单一化，如在同一个地方全部栽植同一种树，既不美观，也不利于病虫害防治，因病虫害可沿着公路迅速传播蔓延。

（三）乡村景观绿化设计分类

乡村景观绿化设计包括乡村入口绿化设计、乡村道路绿化设计、乡村庭院绿化设计、观光园绿化设计等。

1. 乡村入口绿化设计

乡村入口绿化景观营造的目的是对入口周围环境进行美化、绿化的提升，提高入口空间的观赏性。在进行入口绿化设计时，首先要考虑一个适地性的问题，即要坚持适地适树的原则。在进行植物配置时建议采取自然式的种植方式，有利于与周围自然环境相协调、相融合，同时还要考虑植物的季相变化、空间层次的搭配，打造出丰富的植物群落。在树种的选择上，可以优先选用经济作物，如一些具有观赏性的农作物、果树等。另外农作物播种、生长、收割的过程，也形成了一种良好的动态生产景观，在进行入口软景打造时可以把周围生产的农作物引入场地中。在植物配置上要做到符合当地特色和乡土文化，不能千篇一律；在颜色和常绿落叶等搭配上也要足够丰富，使景观能够产生层次感，多使用乡土树种，把乡村的精神弘扬出去，提高景观入口的观赏价值。

2. 乡村道路绿化设计

道路绿化设计注重文化性和乡村特色，每个乡村都具有独特的地域文化和地方特色，在现代化的道路绿化设计中，应充分挖掘乡村特有的历史文化和地域特征，并将其融入绿化设计中，用植物景观展示物质世界和文化世界的多彩多姿。

（1）乡村道路绿化景观设计应符合的规定

① 在乡村绿地系统规划中，应当确定乡村景观道路与主路的绿化景观特色。乡村景观道路应配置观赏价值高、有地方特色的植物和乡村景观小品，主干道充分体现乡村绿化景观风貌。

② 同一道路的绿化宜有统一的景观风格，可在不同路段进行绿化方式变化。同一路段的各类绿带，在植物配置上应相互配合，并协调空间层次、树形组合、色彩搭配和季相变化，充分体现不同道路绿化景观特色。

③ 毗邻山、河、湖的道路绿化应结合自然环境，突出自然景观特色。

④ 道路绿化设计应当保证行车视线和行车净空要求，绿化树木与公用设施、交通设施、市政设施等统筹设置，以满足树木需要的占地条件与生长空间。

（2）乡村道路绿化设计分类　道路绿化的布置水平，在一定程度上对体现整洁、宁静、文明、绿色、环保的乡村景观面貌有着重要的影响，对形成丰富的街景和优美的乡村景观、改善乡村环境起着重要作用。

目前，我国广大农村道路绿地率低，整体绿化水平不高。在某些乡村中，由于旧街过窄，人行道宽度还成问题，因此道路两旁主要以栽植行道树为主，绿化类型单一，形成“一条路，两行树”的格局，并且行道树生长也不良，亟待改善。

道路绿地是指道路红线之间的绿化用地，包括人行道绿化带、分车绿带、交叉口绿化、路侧绿带、街头休息绿地、停车场绿化、村内道路绿化设计、乡村广场绿化设计等多种形式。结合我国村镇用地实际及加强绿化的可能性，一般近期新建、改建道路的绿地所占比例宜为 15% ～ 25%，远期至少应在 20% ～ 30%。

① 人行道绿化带　人行道绿化可以根据规划横断面的用地宽度布置单行或双行行道树。行道树布置在人行道外侧的圆形或方形（也有用长方形）穴内。

种植行道树所需的宽度：单行乔木宽 1.25 ～ 2.0m；两行乔木并列时宽 2.5 ～ 5.0m，错列时宽 2.0 ～ 4.0m。对建筑物前的绿地所需最小宽度：高灌木丛为 1.2m；中灌木丛为 1.0m；低灌木丛为 0.8m；草皮与花丛为 1.0 ～ 1.5m。若在较宽的灌木丛中种植乔木，能使人行道得到良好的绿色覆盖。

常用的街道绿化树种有国槐、银杏、悬铃木、毛白杨、柳树、栾树、白蜡、香樟、棕榈、梧桐等。花灌木应选择花繁叶茂、花期长、生长健壮和便于管理的品种；地被植物和观叶灌木应当选择适应性强、萌蘖力强、枝繁叶密、耐修剪的品种。

② 分车绿带　分车带是组织车辆分向、分流的重要交通设施，见图 2-86。

上、下行机动车道之间的分车绿带为中间分车绿带。机动车道与非机动车道之间或同方向机动车之间的为两侧分车绿带。

图 2-86　分车绿带

分车绿带植物配置应形式简洁、色彩协调，根据道路长度，可设置两个或两个以上不同绿化形式、不同色彩的长度单元，交替演变，呈现沿途绿化景观的节奏和韵律。

图 2-87　交叉口绿化

分车带较宽时，其绿化配置宜采用高大直立乔木为主。分车带较窄时，限用小树冠常绿树，地面栽植草皮，逢节日以盆花点缀；或采用高灌木配以花卉、草皮并围以绿篱。

③ 交叉口绿化　为了保证行车安全，在进入道路的交叉口时，必须在道路转角空出一定的距离。根据两条相交道路的两个最短视距，可在交叉口平面图上绘出一个三角形，称为视距三角形。在此三角形内不能有建筑物、构筑物、树木等遮挡司机视线的地面物，见图 2-87。在布置植物时其高度不得超过 0.65 ～ 0.7m 高，或者在三角视距之内不要布置任何植物。

视距的大小，随着道路允许的行驶速度、道路的坡度、路面质量情况而定，一般采用 30 ～ 35m 的安全视距为宜。行道树与道路交叉口的最小距离可参考表 2-2 的要求。

表 2-2 行道树与道路交叉口的最小距离

交叉口类型	植树区 /m
机动车交叉口（行车速度小于 40km/h）	30
机动车与非机动车道交叉口	10
机动车与铁路交叉口	50（距铁路），8（距机动车道）

④ 路侧绿带　路侧绿带是指在道路侧方，设置在人行道边缘至道路红线之间的绿带。路侧绿带宜结合路边现状环境、可利用的绿地宽度进行布置。当宽度大于 8m 时，可设计成开放式绿地，但绿化面积不得小于该段绿带总面积的 65%。

⑤ 街头休息绿地　村镇街道还可以因地制宜地布置街头绿化和街心花园。根据街道两旁面积大小、周围建筑物情况、地形条件的不同进行灵活布置、规划。如交通量大且面积很小的空间，可以适当种植乔木、花卉，设立雕塑或广告栏等其他小品，形成封闭的装饰绿地；如空间较大，可以栽植乔木，配以灌木或草坪，形成林荫道或小花园，供游人休息散步。

⑥ 停车场绿化　停车场应当栽植冠大荫浓、分枝点高的乔木，种植穴宜设置缘石，以防车的冲撞。地面铺装宜采用透水、透气结构的材料，在不影响车辆承重的前提下，应当采用绿色植物结合承重格铺装。

在进行街道绿化规划时，要注意街道绿化与其他绿化之间的协调和联系，通过街道绿化将所有的绿地有机联系起来，形成整个村镇的绿地系统。

⑦ 村内道路绿化设计　村内道路一般较窄，并且与村民的生活空间更加贴近，村内道路常常是人们日常交往的场所。绿化除了要达到乔木、灌木、花草错落有致，四季常绿，三季有花的标准外，绿化植物还应该多选择那些适应当地气候的灌木、宿根花卉以及具有乡村特色的蔬菜瓜果。使绿化不仅起到遮阴、美化的功能，而且与庭院绿化互相渗透，扩大绿色空间，并且为村民提供交流空间。

⑧ 乡村广场绿化设计　广场属一种特殊形式的道路，是道路扩宽的部分。广场植物绿化不仅有生态作用，还起到分隔或联系空间的双重作用，是乡村广场空间环境的重要内容之一。由于植物生长速度缓慢，要特别注意对场地中原有树木的保留。还可采用垂直绿化的方式，充分利用建筑与小品的墙面、平台、平台栏板等做好绿化处理。

a. 广场草坪，草坪是广场绿化运用得最普遍的手法之一。草坪一般布置在广场辅助性空地，供观赏、游戏。广场草坪空间具有开阔宽敞的视线，能增加景深和层次，并能充分衬托广场的形态美。

b. 广场树木，树木主要起分隔、引导作用，树木越高大，分隔、引导作用就越强，树木体量不适当会造成广场的封闭感。

c. 花坛与花池，在广场上适当的广场花坛、花池造型设计，可以对广场平面、立面景观层次加以丰富，起到丰富景观的作用。还可以在花坛上利用植物拼成特殊图案或文字，起到画龙点睛的作用。

3. 乡村庭院绿化设计

乡村庭院体现当地乡村的一个地域特色，非常独特，绿化设计时要保持当地的乡土特色，尊重和理解当地民俗风情，根据当地的立地条件和人们实际需要采用多样化风格手法，以乡村立地条件和实际情况为依托，符合乡村发展规划和定位，保留乡土文化特色，尊重乡村民众诉求，真正规划设计符合乡村自身的庭院绿化景观。通过庭院中的树木花草合理配置植物，展现出乡村庭院景观设计的灵魂，如色彩互补、叶形对比、树形美观、高低错落等，让人体验到温馨与愉悦的感受。

（1）颜色不同的植物配置　运用少量紫色和黄色的不同的观赏植物进行组合设计，可以使整个庭院植物达到较好协调性、互补性，也能突出庭院中其他植物元素的特色。不论紫色和黄色的深浅度，选择其他颜色进行搭配，其在色彩和外形上的巨大反差都将形成较强的视觉效果。

（2）叶形、叶片大小差别较大的绿色植物配置，观叶植物经过巧妙搭配组合能给人宁静舒适的感觉，如图 2-88 所示。在处理这种组合时，绿色深浅程度的细微差别可作为安排植物位置的一个标准。深绿色、紫色的植物成为浅黄绿色植物的陪衬，将介于两者之间浅绿色植物的叶片突出出来。同时，叶片的叶形、叶片大小配置在一起，使其形成鲜明的对比，营造出丰富的植物景观。

（3）层次不同、株形不同的植物配置，将两种或者更多种层次不同、株型不同的观花、观叶植物栽种在一起时，要通过层次和株型上的差异来确保组合的景观效果。将龙舌兰、剑兰、棕竹、杜鹃花、鸟巢蕨和海芋等栽种一起，高低错落，营造出丰富的植物景观层次。剑兰、龙舌兰拥有像剑一样狭长而直立的叶片，棕竹、鸟巢蕨、海芋等质地柔软、植株较矮的阔叶植物形成鲜明对比，基部点缀杜鹃花，旁边摆放黄色景石，粗糙淳朴又清新，使整个组合更加突出，成为整个花园最为醒目的景观，如图 2-89 所示。

图 2-88　观叶植物配置

图 2-89　株形不同植物配置

4. 观光园绿化设计

观光园绿化指具有观光功能的现代化种植，它利用现代农业技术或栽培手段，开发具有较高观赏价值的作物品种园地，向游客展示农业最新成果。如引进优质蔬菜、食用菌、高产瓜果、观赏花卉作物、茶叶等，组建多姿多趣的农业观光园、林果园、茶园、食用菌园等。

巩固与练习

1. 乡村自然景观要素有哪些?
2. 乡村景观设计中涉及的人文精神文化有哪些?
3. 乡村景观设计中主要的工程要素有哪些?
4. 乡村道路按面层材料分类分为哪几类?
5. 乡村道路按使用任务、性质和交通大小，可分为哪几种基本类型?
6. 景石常见的应用方法有哪些?

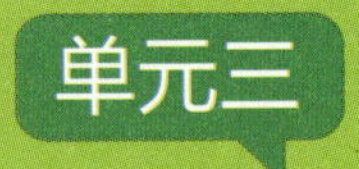

乡村景观设计制图基础

学习目标

- 了解乡村景观施工图的基本知识，了解 AutoCAD 基本功能。

任务学习

课题一　图纸识读

一、图纸种类

制图图纸种类比较多，比如草图纸、硫酸纸、制图纸，各种图纸有着各自的特点和优势，使用时可根据实际需要加以选择。

1. 草图纸

草图纸价格低廉、纸薄、透明，一般用来临摹、打草稿和记录设计构想。

2. 硫酸纸

硫酸纸一般为浅蓝色，透明光滑，纸质薄且脆，不易保存。但由于硫酸纸绘制的图纸可以通过晒图机晒成蓝图并进行保存，所以硫酸纸广泛应用于设计的各个阶段，尤其是需要备份图纸份数较多的施工图阶段。

3. 制图纸

制图纸纸质厚重，不透明，一整张为标准 A0 大小（1189mm × 840mm），制图时可根据需要进行裁剪。

此外，还有牛皮纸和绘图膜等制图用纸。

二、图纸幅面

图纸的幅面简称图幅，是指图纸尺寸规格的大小。绘制图样时，应优先采用表 3-1 中规定的 A0、A1、A2、A3 和 A4 这 5 种基本幅面。其中，*A* 和 *C* 分别表示幅面线距离图框线的尺寸，如图 3-1 所示。

表 3-1　图纸的基本幅面尺寸　　单位：mm

幅面代号		A0	A1	A2	A3	A4
尺寸 *L*×*B*		840×1189	594×840	420×594	297×420	210×297
留边尺寸	*A*	25				
	C	10			5	

图纸有横式和立式之分。当图纸以短边作为垂直边时称为横式图纸，以短边作为水平边时称为立式图纸。一般情况下，A0 ～ A4 图纸宜横式使用，其左侧留出装订边，如图 3-1 所示；必要时也可立式使用，其上方留出装订边，A0 ～ A3 立式图幅如图 3-2 所示，A4 立式图幅如图 3-3 所示。

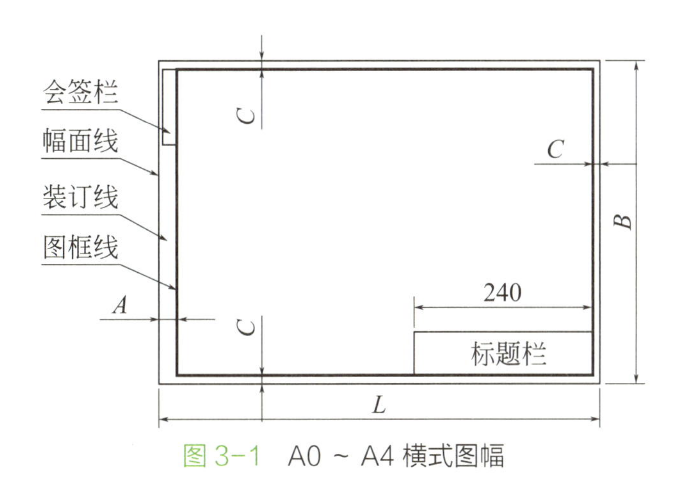

图 3-1　A0 ～ A4 横式图幅

三、线型与线宽

乡村景观图制图中，为了能够准确地表达物体的形状及可见性，通常需要使用不同线型和线宽来表达不同对象。图纸中的线条统称为图线，其宽度有粗、中、细三个等级，通常用 *b* 表示。绘图时，应根据要绘图样的复杂程度和比例，先从 2.0mm、1.4mm、1.0mm、0.7mm、0.5mm、0.35mm 线宽中选定基本线宽 *b*，其他图线的粗细应以 *b* 为标准来确定，即粗线、中粗线和细线的线宽比为 1：0.5：0.25。

表 3-2 为乡村景观制图中常用线型的种类和用途，读者应根据所需图线的特点选择正确的线型及线宽进行绘图。

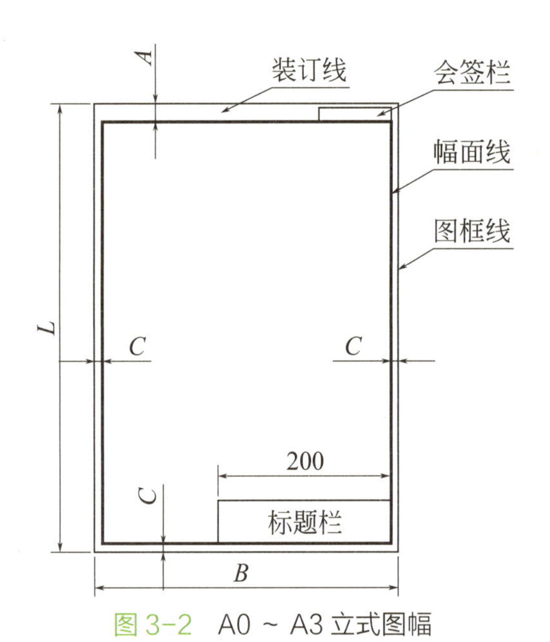

图 3-2 A0 ~ A3 立式图幅

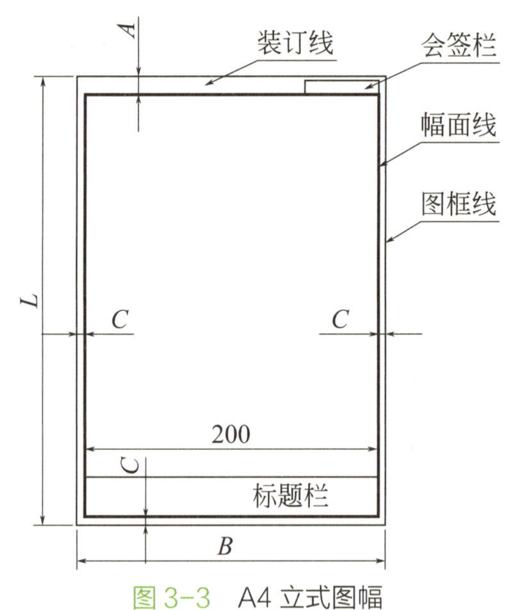

图 3-3 A4 立式图幅

表 3-2 线型种类和用途

名称		线型	线宽	用途
实线	粗		b	① 一般作主要可见轮廓线； ② 平面、立面图中主要构配件断面的轮廓线； ③ 建筑立面图中外轮廓线； ④ 详图中主要部分的断面轮廓线和外轮廓线； ⑤ 总平面图中新建建筑物的可见轮廓线。
	中		$0.5b$	① 建筑平、立、剖视图中一般构配件的轮廓线； ② 平面、剖视图中次要断面的轮廓线； ③ 总平面图中新建道路、桥面、围墙及其他设施的可见轮廓线和区域分界线； ④ 尺寸起止符号。
	细		$0.25b$	① 总平面图中新建人行道、排水沟、草地、花坛等可见轮廓线，原有建筑物、铁路、道路、桥涵、围墙等的可见轮廓线； ② 图例线、索引符号、尺寸线、尺寸界线、引出线、标高符号、较小图形的中心线。
虚线	粗		b	① 车轨道线； ② 结构图中的支撑线。
	中		$0.5b$	土方填挖区的零点线。
	细		$0.25b$	分水线、中心线、对称线、定位轴线。
单点划线	粗		b	预应力钢筋线 (具体见相关专业制图标准)。
	中		$0.5b$	预应力钢筋线 (具体见相关专业制图标准)。
	细		$0.25b$	假想轮廓线、成型前原始轮廓线等。
折断线	细		$0.25b$	用于图形无须画全时的断开界线。
波浪线	细		$0.25b$	物体断开时的断开界线。

四、字体

1. 汉字

图样中除了有图形外，还要使用汉字、数字及字母为图形标注尺寸，填写标题栏、注写技术要求或说明事项等。按照国家制图标准。图纸上需要注写的汉字、数字及字母均应笔画清晰、字体端正、排列整齐，标点符号清楚正确。

汉字应采用国家公布实施的简化汉字，并宜用长仿宋字体，大标题、图册封面和地形图等中的汉字也可书写成其他字体，但应易于辨认。长仿宋体字的高度应优先从 3.5mm、5mm、7mm、10mm、14mm、20mm 中选取，若需要书写更大的字，其高度应以 7 的比值递增。

2. 字母和数字

字母和数字可写成斜体或直体。当使用斜体时，字头向右倾斜，与水平基准线的夹角约为 75°，如图 3-4 所示。当汉字与数字或字母同行书写时，宜写成直体，如图 3-5 所示，且数字或字母的字高应比汉字的字高小一号。此外，图形的单位，如 m、cm、kg 等均应写成直体。

ABCDEFGHIJKLMNOPQRSTUV　1122334455667788 99

图 3-4　数字及字母斜体示例

abcdefghijklmnopqrstuv　112233445566778899

图 3-5　数字及字母直体示例

五、比例

图样的比例是指图形与实物对应边线的尺寸之比。比例的大小是指比值的大小，如 1∶50 大于 1∶100，比例的符号用“∶”表示。比例宜注写在图名的右侧，图名与比值的基准线应平齐，比值的字高宜比图名的字高小一号或二号，如图 3-6 所示。

平面图 1:100

图 3-6　比例的注写

绘图比例应根据图样的用途与被绘对象的复杂程度从表 3-3 中选取，并优先选取表中的常用比例。特殊情况下，也可自定义绘图比例，这时除应标注出绘图比例外，还必须在适当位置绘制出相应的比例尺。

表 3-3　乡村景观绘图常用比例

常用比例	1:1、1:2、1:5、1:10、1:20、1:50、1:100、1:150、1:200、1:500、1:1000、1:2000、1:5000、1:10000、1:20000、1:50000、1:100000、1:200000
可用比例	1:3、1:4、1:6、1:15、1:25、1:30、1:40、1:60、1:80、1:250、1:300、1:400、1:600

六、尺寸标注

图样中，图形只能表达物体的形状，若要表达其大小，就必须在图样上标注尺寸。清晰完整并正确地标注尺寸是工程施工的重要依据。如果尺寸标注错误、不完整或不合理，将会给施工带来困难。国家标准关于尺寸标注的一些基本要求如下。

尺寸的组成要素　图样上标注的尺寸由尺寸界线、尺寸线、尺寸起止符号和尺寸数字组成，如图 3-7 所示。

1. 尺寸界线

尺寸界线用来表示所注尺寸的范围，用细实线从图形的轮廓线、中心线或轴线引出，图样的轮廓线、中心线和轴线也可作为尺寸界线。此外，尺寸界线一般应与被注长度垂直，一端应离开图样轮廓线大于 2mm，另一端应超出尺寸线 2 ～ 3mm，如图 3-8 所示。

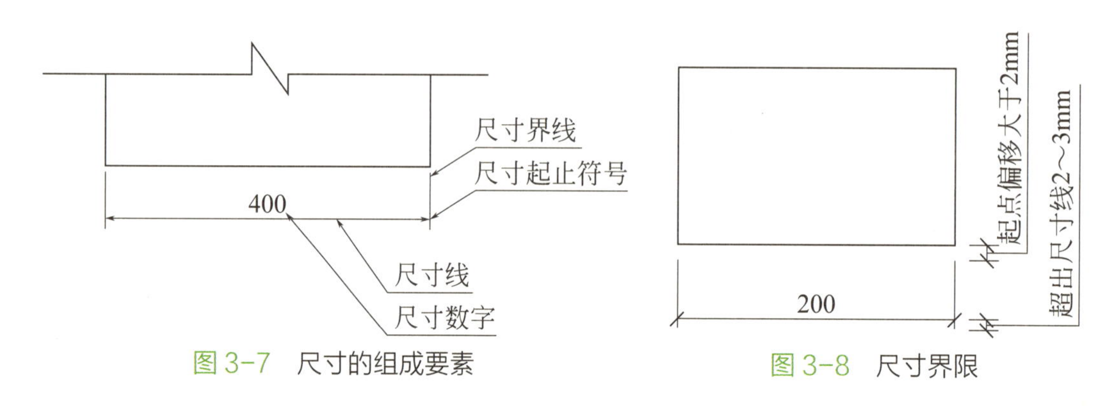

图 3-7　尺寸的组成要素

图 3-8　尺寸界限

2. 尺寸线

尺寸线用细实线绘制，一般应与图样上被注轮廓线平行。图样上的任何图线、中心线等均不得用作尺寸线，尺寸线也不能画在其他图线的延长线上。

为了使标注的尺寸清晰易读，尺寸标注应按照以下要求绘制：

① 当图上需要标注的尺寸较多时，互相平行的尺寸线应按被注轮廓线的远近顺序由近向远整齐排列，并遵循“小尺寸在内，大尺寸在外”的原则。

② 距轮廓线最近的一道尺寸线与轮廓线的间距不宜小于 10mm，互相平行的两尺寸线间距一般为 7 ～ 10mm。

③ 同一图样上，尺寸线与轮廓线以及尺寸线与尺寸线之间的距离应大致相等。

3. 尺寸起止符号

尺寸起止符号一般用中粗斜短线绘制，其倾斜方向应与尺寸界线成 45°，并过尺寸线与尺寸界线的交点。长度宜为 2 ～ 3mm。当标注半径、直径、角度与弧长等尺寸时，尺寸起止符号宜用箭头表示。此外，当尺寸界线过密时，尺寸起止符号可用小圆点表示。

4. 尺寸数字

图样上的尺寸数字必须是物体的实际大小，它与绘图比例及精确度无关，其单位除标高及总平面以米 (m) 作为单位外，其他必须以毫米为单位，但“毫米”或“mm”字样不必写出。此外，在注写尺寸数字时，还应注意以下几方面问题。

① 尺寸数字的方向应按照图中的规定注写。当尺寸数字在 30° 斜线区内时，宜按图所示的形式注写。

② 尺寸数字一般应依据其方向注写在靠近尺寸线的上方中部。但在连续尺寸中，若没有足够位置时，左右两侧的尺寸数字可注写在尺寸界线的外侧，中间相邻的尺寸数字可错开注写，如图 3-9 所示。

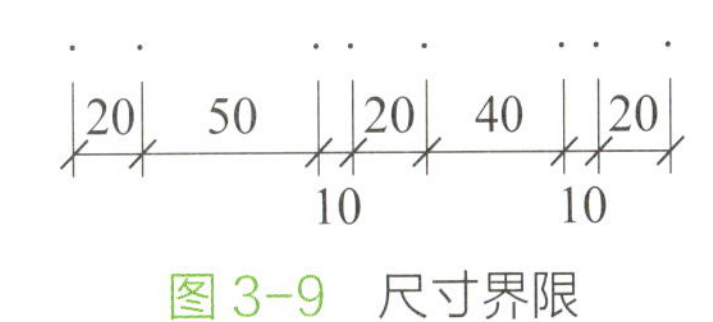

图 3-9　尺寸界限

课题二　制图基础

一、启动 AutoCAD

安装好 AutoCAD 中文版软件后，单击【开始】按钮，选择【程序】→【AutoCAD 2010 Simplified Chinese】或双击桌面上该软件的快捷方式，均可启动 AutoCAD 中文版。

如果以前创建了图形，需继续完成或编辑，可在通过【打开】命令弹出的“选择文件”对话框中，选择文件再确定便可。也可通过【新建】命令弹出“选择样板”对话框，选择图形样板文件打开（系统本身提供的样板不符合我国建筑标准），或无样板打开。

默认的 AutoCAD 的界面含标题栏、菜单栏、标准工具栏、绘图窗口、命令行文本窗口、状态栏、模型布局选项卡（标签）、世界坐标系、十字光标等。如图 3-10 所示。

二、绘图原则

与手工绘图不同，AutoCAD 一律按 1:1 的比例绘图，即实际尺寸有多少便输入多少。

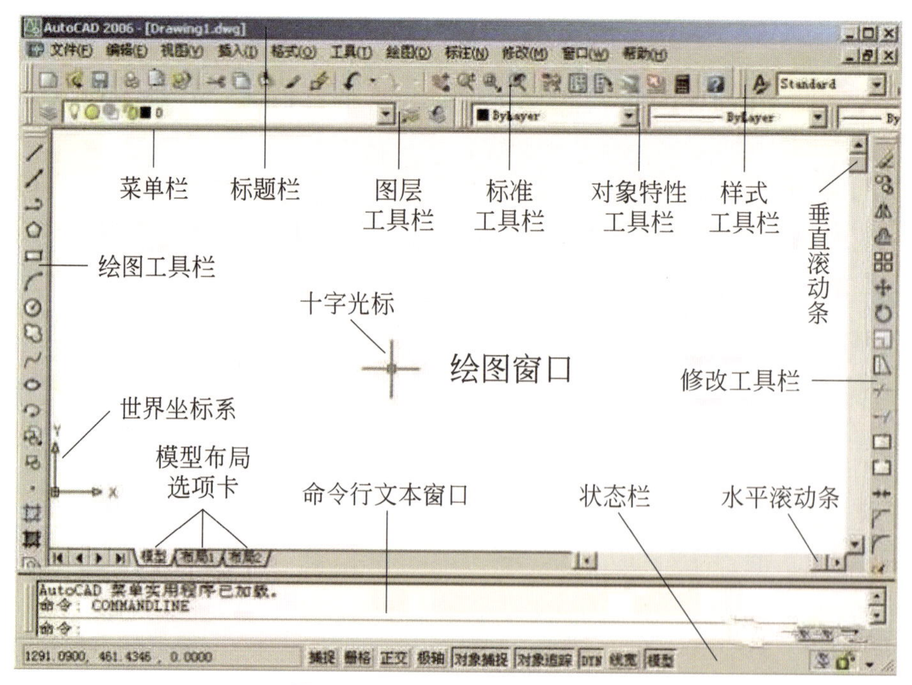

图 3-10 AutoCAD 的界面

三、精确绘图

能精确绘图是 AutoCAD 的一大特点。通过状态栏中【正交】、【对象捕捉】、【捕捉】、【栅格】及【对象追踪】等功能，能非常方便地达到精确绘图的目的。

1. 正交模式

需要绘水平线和垂直线时可以打开正交模式。左键单击状态栏中的按钮、按【F8】键或输入命令“Ortho”，均可打开或关闭正交模式。

2. 对象捕捉

绘图时，经常需要通过已绘制对象上的几何点定位新的点，这时利用对象捕捉功能就十分方便。左键单击对象捕捉按钮或按【F3】键均可打开或关闭对象捕捉，对象捕捉的设置可通过以下几个方法实现：

① 右键单击状态栏中的按钮，弹出选项，单击【设置】，在弹出的“草图设置”对话框中选择【对象捕捉】选项卡，在此选择需要捕捉点的模式。单击下拉菜单【工具】→【草图设置】，或输入命令“Osnap”，同样可弹出“草图设置”对话框，如图 3-11 所示。

② 按住【Shift】键，单击右键可弹出【对象捕捉】选项，可在命令执行中方便使用，如图 3-12 所示。

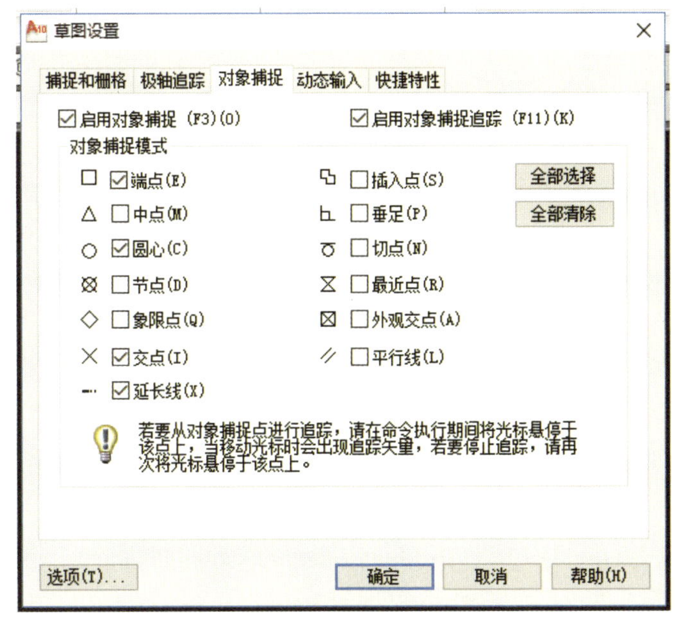

图 3-11 【对象捕捉】选项卡

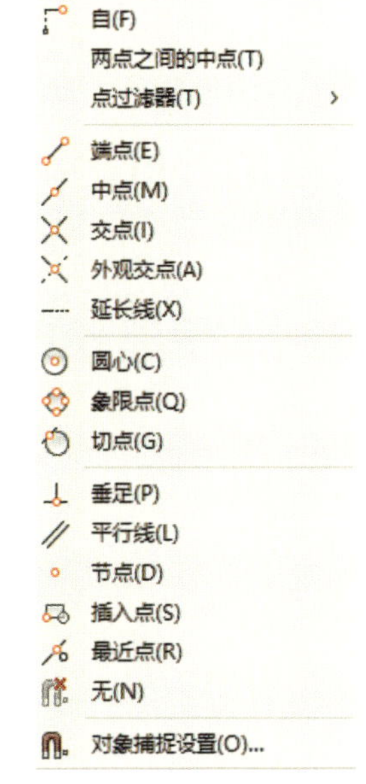

图 3-12 【对象捕捉】选项

③ 把工作空间切换为 AutoCAD 经典后，右键单击任一命令按钮，弹出工具选项。单击【对象抽捉】可调出【对象捕捉】工具栏，如图 3-13 所示。

图 3-13 【对象捕捉】工具栏

其中第②、③种方法的捕捉功能，在命令状态下单击一次，有效一次。 而第①种方法设置好的捕捉模式，可通过单击状态栏的【对象捕捉】切换开关，如果打开，命令执行过程一直有效。通过这些设置，鼠标便能智能地捕捉到某些通过对象的几何特性来定义的点，如线段中点、圆弧圆心等。

四、绘图常用快捷键及功能键

1. 常用快捷键

平移，P；打印，PRINT；直线，L；多段线，PL；圆弧，ARC；圆，C；矩形，REC；椭圆，EL；正多边形，POL；样条曲线，SPL；延伸，EX；修剪，TR；倒圆角，F；填充，H；尺寸标注，DLI；对齐标注，DAL；箭头标注，LE；半径标注，DRA；单行文本，DT；多行文本，MT；删除，E；复制，CO；移动，M；缩放，SC；旋转，RO；打散，X；打断，BR；偏移，O；镜像，MI；阵列，AR；测面积，AA；图层，LA；颜色，COL；插入图块，I；刷新。

2. 常用功能键

F1：获取帮助；F2：实现作图窗口与文本窗口的切换；F3：控制是否实现对象的自动捕捉；F4：数字化仪控制；F5：等轴测平面切换；F6：控制状态行上坐标的显示方式；F7：栅格捕捉模式控制；F8: 正交模式控制；F9: 极轴模式控制；F10: 极轴模式控制；F11: 对象追踪模式控制。

五、命令输入方式

AutoCAD 命令输入的方式常有以下几种：通过单击下拉菜单；通过单击面板上的命令图标；通过在命令行输入命令（命令的快捷键）；在命令执行过程中及待命状态时，在绘图窗口单击右键也可获取相关的命令选项。其中后两种输入方式较为快捷。

操作提醒：单击【工具】→【自定义】→【编辑程序参数】(acad. pgp)，可查到命令的快捷键。记住常用命令的快捷键可提高绘图效率。

1. 常用绘图命令

灵活运用一般的绘图命令，提高作图效率。利用【直线】命令绘制直线；利用【多段线】绘制含直线和弧线、含不同线宽的多段线对象；利用【圆】、【圆弧】、【椭圆】及【椭圆弧】命令绘制相关线；利用【矩形】和【正多边形】命令绘制各类正多边形对象及矩形对象；利用【多线】及其编辑功能绘制建筑墙体的投影；运用【修订云线】、【样条曲线】及【徒手线】等命令绘制自然式乡村景观要素；利用【图案填充】及【添加文本】命令填充图案及添加文字。

2. 常用修改命令

运用【删除】与【分解】命令删除或分解对象；通过【复制】、【镜像】、【偏移】与【阵列】命令复制出相同或相似的对象和形状等；通过【移动】、【旋转】、【缩放】及【拉伸】命令修改对象的位置、角度；运用【修剪】、【延伸】及【打断】命令删除、补充或截断对象；运用【倒角】和【圆角】命令连接对象；运用【编辑多段线】命令将直线段、圆弧和多段线等编辑为一个多段线对象；运用【对象特性】和【特性匹配】命令对图形对象的特性进行编辑。

巩固与练习

1. 用手绘分别绘制一个 A3、A2 图纸。
2. 手绘绘制一个 100mm × 200mm 的长方形，并把尺寸标注上。
3. 常见的绘图命令有哪些？
4. 常见的修改命令有哪些？

模块二

乡村景观设计实践

单元四

乡村民居景观设计

学习目标

- 了解乡村民居景观的基本概念，掌握乡村民居景观设计的内容。

任务学习

课题一　乡村民居景观基本概念与设计要求

一、基本概念

乡村民居是指利用自用住宅或当地民居空闲房间资源，结合当地人文、自然景观、生态、环境资源及农林渔牧生产活动，为外出郊游或远行的旅客提供个性化住宿场所，主人参与接待。乡村民居比较小，通常以栋楼为单位，独立为户，平面形态大体有正方形、长方形、一字形、L 形、H 形、U 形、回形等多种。依靠当地的人文、自然景观、生态、环境资源及农林渔牧生产活动吸引游客，而只为客人提供住宿的需求。它不同于传统的饭店旅馆，它没有高级奢华的设施，但它能让人体验当地风情，感受民宿主人的热情与服务，并体验有别于以往的生活。乡村民居主要为满足城市居民“住农家屋、享农家乐”的需求而出现。

二、设计要求

乡村民居的景观空间相对比较简单，通常以院作为交通中心，形成合院式房屋，或以封闭性院落为主要特征。在功能上，院是室内环境和外界环境的过渡。在日常生活中，院是多功能的室外生活空间，无论是从感情上还是功能上人们都需要这一空间的存在。院一般以建筑、墙围、护栏、绿篱植物、花台等方式围合，围合成一个向心的对外封闭、对内开放的空间体系，达到空间的有机完整和功能的合理布局。

图 4-1　乡村民宿

乡村民居景观多以建筑、院和院周围花台形式展现出来，院内一般设计成停车场，如图 4-1 所示；靠边位置可设置一些景石、座椅和花台等简单的景观构筑物；花台配置一些乡土植物，合理搭配乔木、灌木、草本植物，使植物景观有一定的层次变化，丰富植物景观。也可以在花台种植一些乡土的农作物，庭院悬挂玉米、水稻、丝瓜、草帽、葫芦、斗笠、蓑衣等，流露出乡土气息，如图 4-2 所示，为游客提供安静、宽敞、卫生、舒适，同时具有很强的农家味道的住宿，满足游客“住农家屋”的需求。

图 4-2　乡村民宿装饰

课题二　乡村民居景观设计案例——酉阳金丝楠木乡村民居

近年来，两罾乡内口村发现一处数量在 100 株以上的金丝楠木群，这群罕见楠木高大挺拔，郁郁葱葱，最大的一株高 50 多米，树围需多人合抱，树龄超 1000 年，独具特色，如图 4-3 所示。随着两罾乡内口村千年金丝楠木群的发现，引起两罾乡内口村金丝楠木旅游热潮，吸引了不少游客前来观光旅游。为了满足游客吃住问题，在当地政府统一规划下，当地居民利用自己的房子，开设饭店、小卖部、小食店和乡村民居，解决游客吃住问题。

图 4-3 金丝楠木旅游资源

乡村民居为独栋式（图 4-4），一般一栋为一户人家，他们用自己的房子，经过毛石外观改造，装饰一些葫芦、草帽、竹篮等景观小品。内部设计成简单客房，院周围适当种植一些花草，跟整个金丝楠木群环境融合在一起，形成一个整体生态环境景观。他们依赖当地的金丝楠木群旅游资源，以金丝楠木整体的生态景观，为前来旅游的客人提供住宿。

图 4-4 金丝楠木乡村民居

课题三　乡村民居景观设计实训作业

实训目的：进一步掌握乡村民居景观设计的内容。

实训要求：××× 乡村民居的景观设计项目位于某乡村，场地长 30m，宽 20m，周围均为农地，用地范围内地势平缓。根据乡村民居环境合理设计停车场地及民居周围景观，采用 A4 图框，设计一个比例为 1:200 的乡村民居景观平面图。××× 乡村民居的景观设计项目现状图，如图 4-5 所示。

实训方法：采用 AutoCAD2010 软件绘制平面图。

实训步骤：

① 阅读实训要求。

② 乡村民居景观需要满足人们的功能和需求。

③ 分析乡村民居景观设计的要素。

④ 合理利用乡村民居景观设计要素进行设计。

实训标准：能够根据提供的设计项目图纸，按照上述步骤完成一个具有一定特色的乡村民居景观平面图设计。

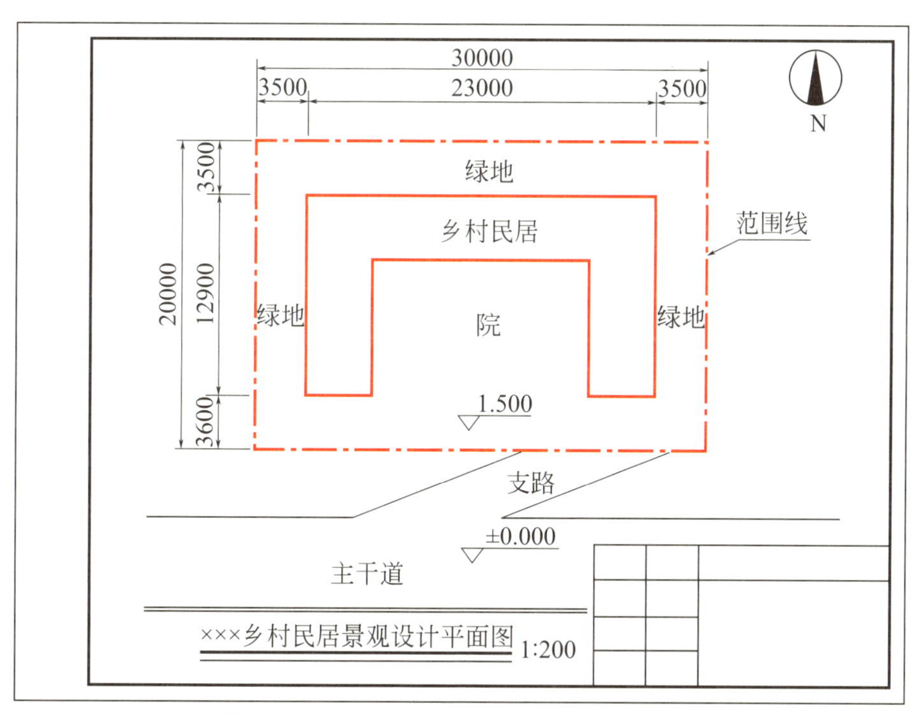

图 4-5　××× 乡村民居景观设计平面图

单元五

农家乐景观设计

学习目标

- 了解乡村农家乐景观的基本概念，掌握乡村农家乐景观设计的内容。

任务学习

课题一　农家乐景观的基本概念、设计要求

一、基本概念

农家乐，是近年来顺应城乡居民消费新趋势而发展起来的，集传统农业与旅游业相结合而产生的一种新兴的旅游休闲形式。一般来说，农家乐的主人在自建的农家屋，利用农民当地的农产品进行加工，满足客人吃农家饭、住农家屋的需要，成本较低，消费不高；在周围的农地上种植蔬菜、水果或设置石磨等，让游客体验农家活；农家乐周围一般都是美丽的乡村自然景观或田园风光，空气清新，环境放松，游客可以吃农家饭、游农家景、干农家活、享农家乐，以舒缓现代人的精神压力，这种“吃农家饭、游农家景、干农家活、享农家乐”回归自然从而获得身心放松、愉悦精神的休闲旅游方式，受到很多城市人群的喜爱。农家乐景观设计主要针对除农家乐建筑以外的室外景观设计，包括道路、庭院、小品、入口、植物的设计等，具有自然朴素、稳定独特、丰富多样的特色。

二、设计要求

1. 农家乐景观设计特点

“农家乐”以“农”为根。农民通过自家的良田、果园、庭院、鱼塘、牧场等展示农村风貌、农业生产过程、农民生活场景，通过展示吸引旅游者；餐饮接待设施可利用自家的宅地和现有生活设施改建或改善而成，要充分体现农村、农业、农家、农民的乡土气息。由于“农家乐”已经成为品牌，很多城里人开设的或开设在城里的餐饮服务设施也大打“农家乐”品牌，实际上同真正的“农家乐”相去甚远。

“农家乐”以“家”为形。“农家乐”以家庭为单位，不求全，不求大，其形应该体现出“家庭”的形态。既然是“家”，其规模就应该适度，不应贪大求洋；发展应该特色化，不应大众化。许多乡村“农家乐”就是以乡土、特色、美味和美丽的乡村景观而出名。所以，“家”是农家乐的载体，无家不以成“农家”。

“农家乐”以“乐”为魂。“乐”要利用“三农”做文章，设计参与性强的项目，简单的农事、农活，如采摘、推磨、苗木盘扎等。以乐为魂就是要发扬光大“农家”的文化内涵，深入挖掘，突出特色，做出项目，如农民喜闻乐见的花灯、山歌、龙狮、皮影戏、踩高跷、地花鼓、讲故事等，使“农家乐”旅游充满魅力，实现可持续发展。

2. 农家乐设计原则

（1）农家乐景观设计强调：田园生活，宁静，回归自然。

（2）农家乐景观设计的要求：生态环保、干净卫生、舒适安全。

（3）农家乐景观设计的目的：解压、放松、追求“懒散”。

3. 农家乐小品设计

农家乐比较小，多以庭院形式展现出来，可设计一些小型的小品做装饰，如壁画、草帽、农具、石磨、竹篮、路灯、标识牌、栅栏、玉米、辣椒等。

（1）常见的建筑小品如：雕塑、牌坊、凉亭、壁画等。

（2）常见的装饰小品如：草帽、农具、石磨、竹篮等，如图 5-1、图 5-2 所示。

（3）常见的生活设施小品如：座椅、垃圾桶、邮筒、宣传栏等。

（4）比较常见的道路设施小品，包括路灯、标识牌、栅栏等。

4. 农家乐绿化设计

农家乐绿化设计首先考虑区域内生态格局的完整，考虑植物的多样性，留住自然生长的植物群落。种植方式上，应以大型乡土乔木构建农家乐景观骨架，尤其是已经存在的古树或成片的树林，通过整体布局、局部补种来营造整体效果，形成农家乐视觉的背景景观。速生树和慢生树交替种植，以本地树种为主，将外来树种作为极少部分的补充。农家乐庭院及房屋周围可种植农家菜、果树、草本植物等可作为植物景观，营造丰富多彩的农家视觉效果，如图 5-3、图 5-4 所示。农家乐设计主要有入口绿化设计、道路绿化设计、庭院绿化设计、农作物种植体验地绿化设计等。绿化设计时还要注意入口绿化，种植观赏性植物，加以外形设计，营造田园氛围，让游客产生美好的“第一印象”；遮丑绿化，选择相应的植物，对“不良景观”加以掩饰、美化、阻隔和包装；主题绿化，在前庭或后院的主题观赏活动区域，以观赏性和实用性较强的植物绿化，比如供游客乘凉或产生芳香气味。

图 5-1　农家乐小品装饰（一）

图 5-2　农家乐小品装饰（二）

图 5-3　农家乐绿化（一）

图 5-4　农家乐绿化（二）

5. 农家乐交通设施

步道：尽量利用原有道路及田埂，道路建设不能破坏原有生态环境，最好就地取材，天然环保，还须做耐久性和防滑性处理，步道两边可用座椅、水池、喷泉等增强景观效果，通常宽为 1.2 ～ 2m。

停车场：注意两个问题，一是停车场应以绿化来达到吸热遮阳的效果；二是停车场选址应在坡度平缓、兼具良好排水性的地方。

课题二　农家乐景观设计案例——酉阳金银山农家乐

酉阳金银山农家乐临近酉阳 5A 级桃花源风景区，位于金银山上，环境安静，风景优美，空气清新，是人们休闲娱乐的好地方，闲暇之余，人们利用空余时间，在此地方休闲、聚会、吃饭、娱乐和运动，如图 5-5 所示。

图 5-5　农家乐

酉阳金银山农家乐利用此得天独厚的环境生态旅游资源，为前来吃饭、旅游、休闲、娱乐、聚会、运动的游客提供吃饭、住宿和娱乐的地方，让人们体验“吃农家饭、游农家景、干农家活、享农家乐”，回归自然，从而获得身心放松、愉悦精神的休闲旅游方式，受到人们的喜爱。

课题三　农家乐景观设计实训作业

实训目的：进一步掌握乡村农家乐景观设计的内容。

实训要求：××× 农家乐的景观设计项目位于某乡村，场地长 36.5m，宽 30.48mm，周围均为农地，用地范围内地势平缓。根据乡村农家乐环境合理设计停车场地、道路及农家乐周围景观，采用 A4 图框，设计一个比例为 1∶200 的乡村农家乐景观平面图。××× 乡村农家乐的景观设计项目现状图如图 5-6 所示。

实训方法：用 AutoCAD2010 软件绘制平面图。

实训步骤：

① 阅读实训要求。

② 乡村农家乐景观需要满足人们的功能和需求。

③ 分析乡村农家乐景观设计的要素。

④ 合理利用乡村农家乐设计要素进行设计。

实训标准：能够根据提供的设计项目图纸，按照上述步骤完成一个具有一定特色的乡村农家乐景观平面图设计。

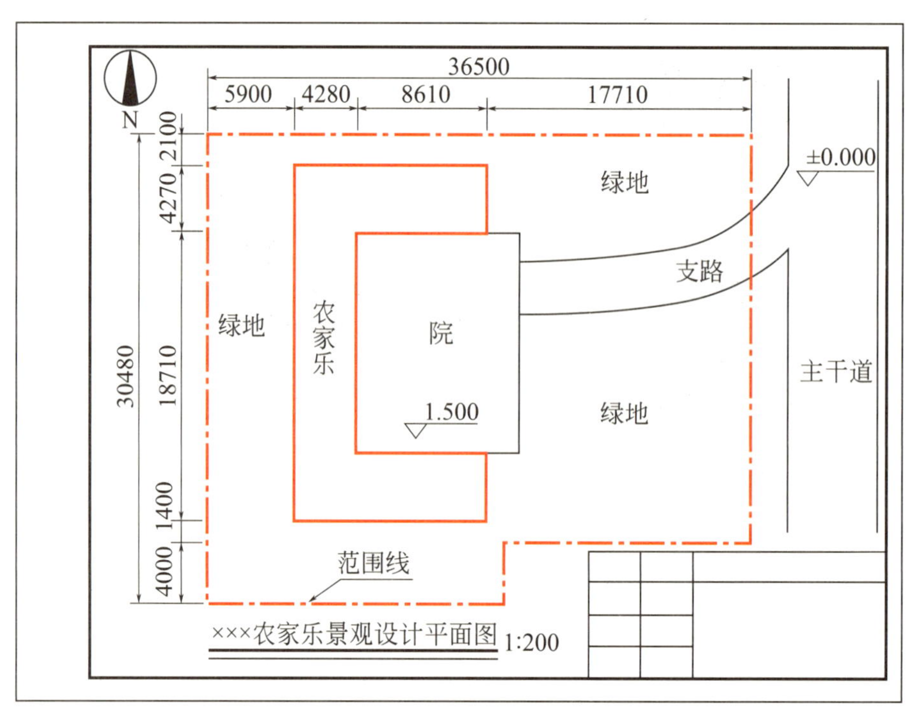

图 5-6 ××× 农家乐景观设计平面图

单元六

特色村寨景观设计

学习目标

◎ 了解特色村寨景观的基本概念，掌握特色村寨景观设计的内容。

任务学习

课题一　特色村寨景观的基本概念与设计要求

一、基本概念

民众大分散、小聚居的居住格局，形成了若干个聚落，在这些聚落中，产生了许多特色村寨，如图 6-1 所示。特色村寨景观主要是指民众生产、生活的主要场所，是民众生存智慧、审美心理的集中体现。特色村寨良好的生态环境、丰富的自然资源和文化资源，是民族文化的有效载体，是民族变迁发展的历史见证，是人们洞见与体识民族历史文化的一扇窗户。

图 6-1　特色村寨

特色村寨具有如下特点：

1. 历史悠久

有的少数民族村寨有数百年，甚至上千年历史。如贵州雷山县西江千户苗寨、重庆酉阳土家族苗族自治县河湾古寨、云南省云龙县诺邓村、湖北宣恩县彭家寨等具有数百年历史。

2. 文化深厚

大多数少数民族特色村寨民族文化浓郁，少数民族千百年来创建的文化得以较好地保存，绘画、剪刻、歌舞、印染等民间艺术得到很好的传承。一些创造和传承独特民间艺术类型的民族村寨，被国家命名为“民间艺术之乡”，如湖南龙山县捞车村被称为“土家织锦之乡”、湖北来凤县舍米湖村被称为“摆手舞之乡”、云南狮河村被称为“木雕村”等。

3. 生态环境良好

多数特色村寨山清水秀，景色宜人。在当今民族文化保护中，这些村寨被建设成为“民族文化生态村”“生态博物馆”。这些特色村寨具有良好的民族传统文化生存空间，民族文化传统特色浓厚，如贵州六枝的梭戛生态博物馆（图 6-2、图 6-3），花溪镇山布依族生态博物馆（图 6-4、图 6-5），云南弥勒县可邑村（图 6-6、图 6-7），石林县北大村乡月湖村等。

图 6-2　梭戛生态博物馆（一）

图 6-3　梭戛生态博物馆（二）

图 6-4 花溪镇山布依族博物馆（一）

图 6-5 花溪镇山布依族博物馆（二）

图 6-6 云南弥勒县可邑村（一）

图 6-7 云南弥勒县可邑村（二）

4. 自然资源丰富

许多少数民族特色村寨拥有丰富的草场、森林、特产资源和矿藏，具备发展现代农业和牲畜业的优越条件。

5. 特色村寨类型较多

特色村寨所处地理环境不同，经济类型不一，有的集丰富的自然资源和民族文化资源于一身，有的自然资源不是十分富集，但民族文化资源十分丰厚；有的临水，有的临山，有的依山傍水；有的是延续千百年的古寨，有的是新建如旧的新寨。例如，在新农村建设中，有关地区对一些传统文化已经消解的村寨重新进行规划建设，重构民族文化，建成特色浓厚的新寨，成为特色村寨的新的类型，如湖北宜昌市点军区车溪土家族村（图 6-8 ～图 6-11），恩施市芭蕉枫香坡侗族风情寨（图 6-12 ～图 6-14），以及江西安西田垅畲族村（图 6-15、图 6-16）等。四川灾后重建的民族村寨也属于此类。

图 6-8　点军区车溪土家族村（一）

图 6-9　点军区车溪土家族村（二）

图 6-10　点军区车溪土家族村（三）

图 6-11　点军区车溪土家族村（四）

图 6-12　芭蕉枫香坡侗族风情寨（一）

图 6-13　芭蕉枫香坡侗族风情寨（二）

图 6-14　芭蕉枫香坡侗族风情寨（三）

图 6-15　安西田垅畲族村（一）

图 6-16　安西田垅畲族村（二）

二、设计要求

特色村寨是历史文化遗产的重要组成部分，在村镇建设中，传承特色村镇格局、突出民族性和地域性是可持续发展的新思路。需要合理地保护与建设，应当整体保护，保持传统格局、历史风貌和空间尺度，不得改变与其相互依存的自然景观和环境。村落内的历史文化、乡风民俗、生态环境、街巷空间、建筑符号等都是特色民俗村落中“特色”的集中体现。

注重原生态资源的利用。村落不同于城市，自然的山水格局是村落最为显著的特点，村落与自然环境是和谐共生的，破坏了自然环境，就相当于毁灭了村落。依托大自然，村落才能健康地生长，遵照循环经济的要求，发展生态经济，改善生态环境，建设生态文明，构筑生态家园。

对于村落内的特色，找出其中的联系纽带，模拟过去的生活场景，追寻空间改变的历史原因，在满足当前要求的前提下，疏通村落的文脉与肌理，体现村落特点的重点部分。例如设计特色的街巷空间、公共空间、村口标志等。例如可以通过展示独具代表性的合院、彩绘、雕刻、古井及优秀民俗民风、历史事件等，达到分析历史文化的目的，满足人们感受历史文化的需要。

做到资源的合理开发利用，确保生态经济的快速、持续发展。利用自身的特点维持自身的成长，既不损害村落内的特色，注重公众参与。对于特色民俗村落的历史与文化，最为了解的就是生活在当地的居民，祖祖辈辈的生活习惯造就了地域，采取访谈、开展活动等方式从村民口中了解与当地有关的故事、历史等。只有满足了居民的生活需求，提高生活的舒适性，才能深度挖掘历史文化内涵，稳定村内人口，避免人口大量流动造成空心化现象。设计时也应该体现公众的参与性理念，特色民俗文化与游人互动，可以使游客真正融入到当地文化中。如可以创建瓷器艺术工厂，开办陶艺吧，让游人进行泥塑、彩绘、烧瓷等自由创作，这些既有浓郁地方特色又有趣味的活动，可以极大地调动游人参与的积极性，以效益带动保护，注重生态效益的同时，也要注重社会效益和经济效益。

课题二　特色村寨景观设计案例——河湾山寨特色村寨

河湾山寨，位于重庆酉阳县后溪镇境内，被誉为中国最美土家山寨，因土家人的母亲河酉水河弯曲流淌于境内而得名，河湾山寨建于 1370 年，即明洪武三年。辖区面积 15.5km^2，以土家族、苗族为主的少数民族部落聚集。河湾山寨历史文化悠久、自然景色宜人，集青山、绿水、古寨、土家文化于一身。被誉为“中国最美的土家山寨”和“土家文化发祥地”，也是重庆市少数民族特色村寨，如图 6-17 ～图 6-20 所示。

图 6-17　河湾山寨（一）

图 6-18　河湾山寨（二）

全村地形以浅丘为主，山寨气候温和，雨量充沛，森林覆盖率达 42%，平均海拔 350m，北有三峼山，南临秀山石堤镇，位于酉水河国家湿地公园腹心，有十里长潭秀丽风光，淳朴民风，民俗文化氛围浓厚，是游客陶醉、骚人弄墨、画家丹青、摄影家首选之地。

山寨依山临水而建，阶梯式布局、层次分明、错落有致，寨中古木参天，翠竹青青，山寨建筑为土家吊脚楼，走马转角风貌独特，寨后层层梯田，自然环境优美，被誉为中国最美土家山寨。已有 600 余年历史，全寨 150 多户、

600 余人，以土家族白姓为主。

图 6-19　河湾山寨（三）

图 6-20　河湾山寨（四）

河湾山寨的摆手堂（图 6-21），系彭姓土家人于清咸丰元年所建，是渝东南地区现今保存最完好的摆手堂。摆手堂外用石板围成一处约 200m^2 的地坝，石板上刻有麋鹿含花、喜鹊闹梅、凤穿牡丹和麒麟龙象等栩栩如生的景物。境内古祠庙宇众多，有摆手堂、水巷子祠堂、彭氏宗祠、新寨祠堂、高氏宗祠、曾家印子、司令官邸、土司城等；有独具土家魅力、丰富多彩的土家文化，土家摆手舞、民歌、山歌、抬岩歌、打夯歌、酉水船工号子、木叶情歌、姑娘哭嫁歌，歌词优美动人，曲调婉转悠扬，让人久久回味。

酉水河被誉为土家人的母亲河。沿河两岸春花灿烂，夏绿滴翠，秋枫绯霞，冬雪晶莹，伴以山雀躁动，鸣蝉鼓风，煞是宜人。一排排古朴苍劲的枫杨，一列列吊脚楼（图 6-22），一曲曲悠扬撩人的木叶情歌，一条条通往历史隧道的青石板路，回荡着土家族的无尽情韵，让人流连忘返。有诗赞曰：“庙坝山林普石滩，三吾山下流清江，高碑夕照醉渔父，玉带绕山喜若狂”。

图 6-21　摆手堂

图 6-22　吊脚楼

课题三　特色村寨景观设计实训作业

实训目的：进一步掌握特色村寨景观设计的内容。

实训要求：××× 特色村寨的景观设计项目位于某乡村，场地长 600m，宽 400m，周围均为农地，用地范围内地势平缓。根据特色村寨环境合理设计停车场地及周围景观，采用 A2 图框，设计一个比例为 1∶500 的特色村寨景观平面图。××× 特色村寨的景观设计项目现状图，如图 6-23 所示。

实训方法与步骤：

实训方法：用 AutoCAD2010 软件绘制平面图。

实训步骤：

① 阅读实训要求。

② 特色村寨景观需要满足人们的功能和需求。

③ 分析特色村寨景观设计的要素。

④ 合理利用特色村寨设计要素进行设计。

实训标准：能够根据提供的设计项目图纸按照上述步骤完成一个特色村寨景观平面图设计。

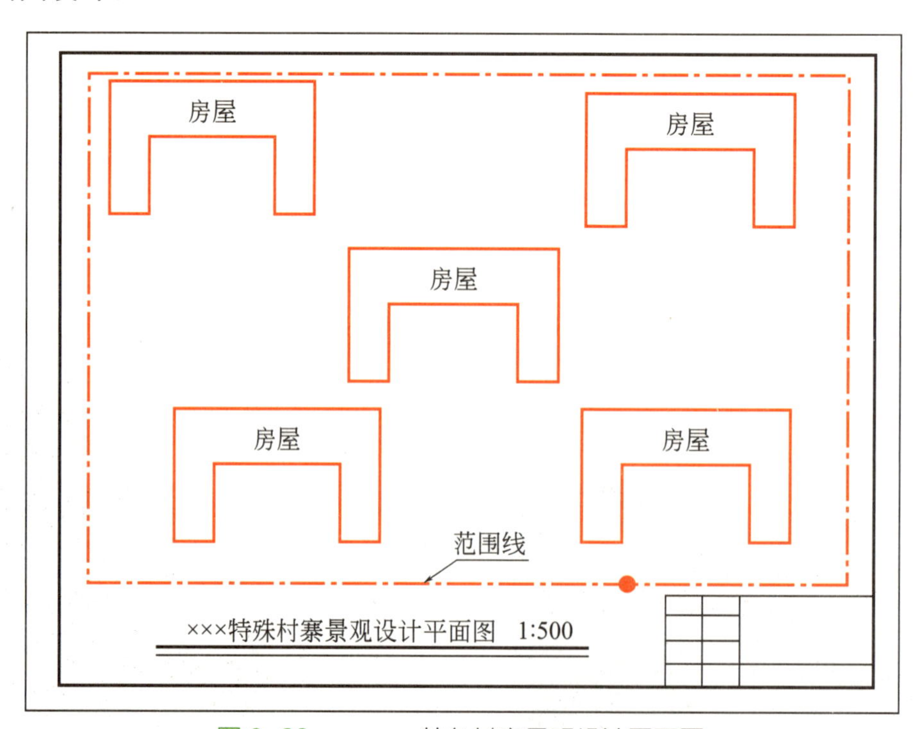

图 6-23　××× 特色村寨景观设计平面图

观光园景观设计

学习目标

- 了解观光园景观的基本概念，掌握观光园景观设计的内容、基本原则。

任务学习

课题一　观光园区景观的基本概念与设计要求

一、基本概念

观光园景观是利用农业景观资源和农业生产条件，以本地文化为特色，开展农业旅游活动的场所。它以农业资源为基础，融农业观光、文化体验、养生、休闲、购物、度假于一体的农业和旅游业相结合的一种乡村景观形式。

二、设计要求

（一）观光园景观分类

按观光园种植作物的不同分类，可分为：观光果园、观光菜园、观光田园、观光中药园、观光食用菌园、观光茶园等，如图 7-1 ～图 7-6 所示。

（二）观光园景观的特点

1. 观光性

观光园是乡下的农业观光园，泥土的芳香、厚重的果实、黄昏的热闹、夜晚的静谧，空气清新宜人，田园风光迷人，乡情淳厚感人，行走在这样静谧的环境中，心境自然会平和下来，使让工作压得喘不过气来的游人，在这里得到释放。

图 7-1 观光果园

图 7-2 观光菜园

图 7-3 观光田园

图 7-4 观光中药园

图 7-5 观光食用菌园

图 7-6 观光茶园

2. 体验性

观光园内种植有蔬菜、瓜果、茶、食用菌、中药材等农作物，游客可以体验亲手采摘选购无污染、无公害的绿色农作物产品的乐趣，感受收获的快感，更是令人难忘的回忆。

3. 趣味性

观光园可玩、可看的项目有很多，可以玩上一整天。农家饭庄、民俗饭庄等多种多样的餐饮服务，特色浓郁的绿色饭菜，将让你一饱口福。清净温馨的绿色客房，临水而建的别墅村，坐落在花果飘香的“桃源木屋”，也会让你圆一个甜美的绿色之梦，浓烈的乡土气息，体验纯朴的生活。

（三）观光园景观设计原则

1. 观光园景观规划设计原则

（1）突出旅游观光主题　从观光园整体到局部都应围绕采摘、体验、旅游、观光、休闲相结合的主题安排。

（2）保留本土植物，以农业生产为基础　以原有绿化树种、农作物为植物材料进行乡村景观的营造，根据不同地块、不同植物的观赏价值进行安排。观光园是以农业生产为基础，其景观的展示也是以原有农作物生产为依托，没有生产就没有最基本的景观环境，也就谈不上开展旅游观光及相关配套活动。

（3）知识性、科学性、体验性和趣味性相结合　观光园具有生产、科研、文化、科普、体验、休闲等功能，应尽可能地把观光园的一草一木都变成知识的载体，使游客能得到全方位的农作物知识及农产品文化的熏陶，要尽量提高乡村景观规划设计的科技含量。在进行农作物科学管理的同时必须兼顾其艺术欣赏性，将其形态美、色彩美以及群体美、个体美有机结合，把农作物当作工艺品来生产，使其科学性和体验性得到充分体现，时间和空间上实现完美统一。

（4）保护环境、保持生物多样性　只有果园、菜园、中药材园、食用菌园、茶园而无优美的自然环境和观光景点就无法成为观光园，因此，保护自然环境，保持园地的生物多样性，建立良性循环的生态系统是非常重要的。要以生态学原理指导观光园的景观规划设计，要特别注意正确处理农作物开发、景点建设与生态环境可持续发展的关系，切忌滥砍滥伐、大兴土木，要把对植被的破坏、对环境的污染减少到最低程度。实践证明，良好的生态环境，既是生产优质无污染绿色农作物的前提和基础，又是吸引游客、获得观光收入的条件和保障。观光园奉献给人们的不仅是“口福”，更重要的是“眼福”。

（5）乡村景观美学　应根据园区的地形、地貌进行改造和塑形，并根据农作物品种特性进行选择和配置，使人造景观（如观景台、雕塑、桥梁、假山、喷泉、绿廊、果坛等）和自然景观（如动物、植物、矿物及其自然环境等）和谐统一。

2. 观光园景观设计的主要内容

观光园景观是个复杂的生态系统，是社会美、艺术美和自然美的集合体。其设计必须以整体协调为原则，做到整体规划、内部协调、细部着手，实现农田景观的可持续发展。观光园景观的设计涉及农业、景观、生态、人文等学科，其与生俱来的综合性就要求必须整体考虑，注重内部的协调性。整体协调原则对农田景观的设计及其形成过程具有指导性意义。

（1）园地规划

① 生产用地规划观光园是以农作物资源为基础的产业，重点规划内容就是种植农作物的因地规划，把整个园地分为几个大区和若干个小区，小区是规划的基本单位，其面积大小依地形地势和功能需要而定。

② 观光休闲景点和绿地规划观光园除了一般观光规划之外，规划休闲观光最高点和绿地也是其主要内容，要因地制宜地规划一些乡村景观小品，如亭台楼阁、小桥流水、荷池鱼塘等休闲场所。

（2）观光园道路设计　观光园结合生产需要，道路的交通功能性设计比较重要，主要供交通或者运输物资等，所以在设计的时候要满足车辆通行，设计类型有主要次干道和游步道。

（3）景观小品设计　观光园内可设计游客接待中心、宣传墙、道路标志、座椅、垃圾桶等景观小品。

（4）观光园植物设计　观光园区内的植物主要以发展的农业植物为主。

课题二　观光园景观案例——花田梯田

花田梯田位于酉阳县花田乡何家岩村，它位于菖蒲大草原下方，万亩梯田沿着山坡徐徐向下伸展，从空中俯瞰，梯田层层叠叠，弯曲绵延，高低错落，多变的梯田曲线宛如大地指纹，在晨雾里若隐若现，景色尤为壮观，被誉为“深山明珠、人间仙境、画中天堂”。随着季节更替，花田梯田呈现出的景观也各有不同。

阳春三月，水暖融融，青翠点染，远远望去如镶嵌在大地上的一块块墨玉，如图 7-7 所示。

初夏时节，梯田里生机盎然，绿油油的禾苗随着微风翻卷着道道绿波，美不胜收，如图 7-8 所示。

金秋时节，稻穗沉甸，漫山铺金，微风拂过，层层叠叠的梯田泛起金色的稻浪，掀起层层碎金波浪，呈现出一派美丽的丰收画卷，如图 7-9 所示。

隆冬时节，静谧的水田犹如一面面镜子，一场降雪过后，万亩梯田银装素裹，仿佛成了童话世界。

图 7-7　花田春景

图 7-8　花田夏景

图 7-9　花田秋景

相传花田梯田最早开发于宋朝，在明清时期基本成型。这里产出的大米质白如玉、脆酥油糯、香味回绕，从南宋开始，就被酉阳历代土司作为贡品进贡朝廷，因此花田乡也成了远近闻名的“贡米之乡”。如今的花田大米已经作为“酉阳贡米”，获得了国家地理标志性商标和有机产品认证。花田梯田则因其绝美的梯田风光，成为了中国民俗摄影创作基地。把乡村农田统一规划为集生产创收、休闲旅游、生态示范、科普教育、观农耕景、体农耕活、观农田风光于一体的观光园。它不是某一景观要素孤立的表达，还有人为打造一些观景平台等景观要素，整体化的设计，最终目的就是整体协调优化，为旅游打造更美景观和创造旅游条件。在设计时，遵循自然规律，在色彩、形态及肌理上将各种设计要素整合起来，不仅注重这些要素本身的协调关系，而且注重它们组合的整体效果；与此同时，考虑田园景观空间的建构、景观要素的表达和景观序列的组织，重视整个田园环境的地域特征及文化。整体规划时，梳理和解读原景观格局，协调其“点、线、面”关系，合理布局各类景观要素；最大限度地遵循场地精神，协调农作物、植被、路、农田及农村聚落之间的布局关系；加强对其肌理片段的修复，深层次地协调各种元素与设计理念的统一，强化其整体风格。

课题三　观光园景观设计实训作业

实训目的：进一步掌握观光园景观设计的内容。

实训要求：××× 观光园的景观设计项目位于某乡村，场地长 900m，宽

700m，周围均为农地，用地范围内地势平缓。根据观光园环境合理设计停车场地及周围景观，采用 A2 图框，设计一个比例为 1∶600 的观光园景观平面图。×××观光园的景观设计项目现状图如图 7-10 所示。

实训方法：用 AutoCAD2010 软件绘制平面图。

实训步骤：

① 阅读实训要求。

② 观光园景观需要满足人们的功能和需求。

③ 分析观光园景观设计的要素。

④ 合理利用观光园设计要素进行设计。

实训标准：能够根据提供的设计项目图纸，按照上述步骤，将一块 630000m^2 的平地用乡村景观工程要素设计成一个具有一定特色的观光园的景观平面图。

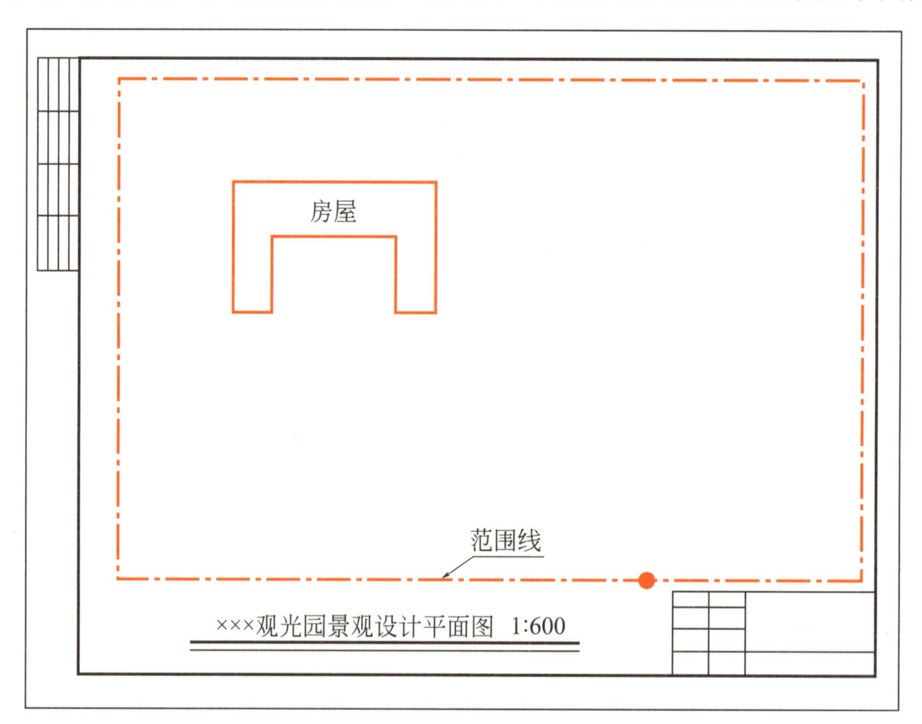

图 7-10 ×××观光园景观设计平面图

单元八

开心农场景观设计

学习目标

- 了解开心农场景观的基本概念，掌握开心农场景观设计的内容。

任务学习

课题一　开心农场景观的基本概念、设计要求

一、基本概念

开心农场是指由景区专门开辟一块土地，让游客能够体验到耕作、种植蔬菜水果的感觉。这一体验收获了许多游客的喜爱，除了水果蔬菜，还可以体验传统的豆腐工艺，制作一份独属于自己的豆花或者豆浆。从运作方式看，多数租用者只是利用节假日到农园作业，平时则由农地提供者代管。总的来说就是让游客能够在这里回归自然，回归乡村的生活，所以这里大部分的场馆和体验活动都是为了让人们能够亲近自然，让市民参与的园地，如图 8-1 所示。

图 8-1　开心农场

二、设计要求

开心农场既有自助菜园型，又有休闲观赏型，还有田园生活体验型。开心农场多以田园景观形式展现出来，不需要另外设计植物景观。另可设计一些小型的小品或者农作物做装饰，如牌坊、壁画、草帽、农具、凉亭、石磨、竹篮、路灯、标识牌、栅栏、玉米、辣椒等。

课题二　开心农场景观设计案例——涵田度假村开心农场

涵田度假村开心农场位于江苏天目湖岛上，占地面积不大，入口简单地设计一个牌坊式入口，里面有一个游客接待中心，四周围墙及竹围，农场内设置凉亭、野炊区、农田区、菜园区、垂钓区、家畜圈养区，如图 8-2 ～图 8-5 所示，为市民提供农地，让市民体验到耕作、种植蔬菜、水稻的感觉，这一体验也收获了许多游客的喜爱，除了水果蔬菜，还可以体验传统的柴火饭烧制过程。

图 8-2　凉亭

图 8-3　农田区

图 8-4　菜园区

图 8-5　家畜圈养区

课题三 开心农场景观设计实训作业

实训目的：进一步掌握开心农场景观设计的内容。

实训要求：××× 开心农场的景观设计项目位于某乡村，场地长 200m，宽 300m，周围均为农地，用地范围内地势平缓。根据开心农场环境合理设计停车场地及周围景观，采用 A3 图框，设计一个比例为 1∶200 的开心农场景观平面图。××× 开心农场的景观设计项目现状图如图 8-6 所示。

实训方法：用 AutoCAD2010 软件绘制平面图。

实训步骤：

① 阅读实训要求。

② 开心农场景观需要满足人们的功能和需求。

③ 分析开心农场景观设计的要素。

④ 合理利用开心农场设计要素进行设计。

实训标准：能够根据提供的设计项目图纸，按照上述步骤完成一个具有一定特色的开心农场景观平面图设计。

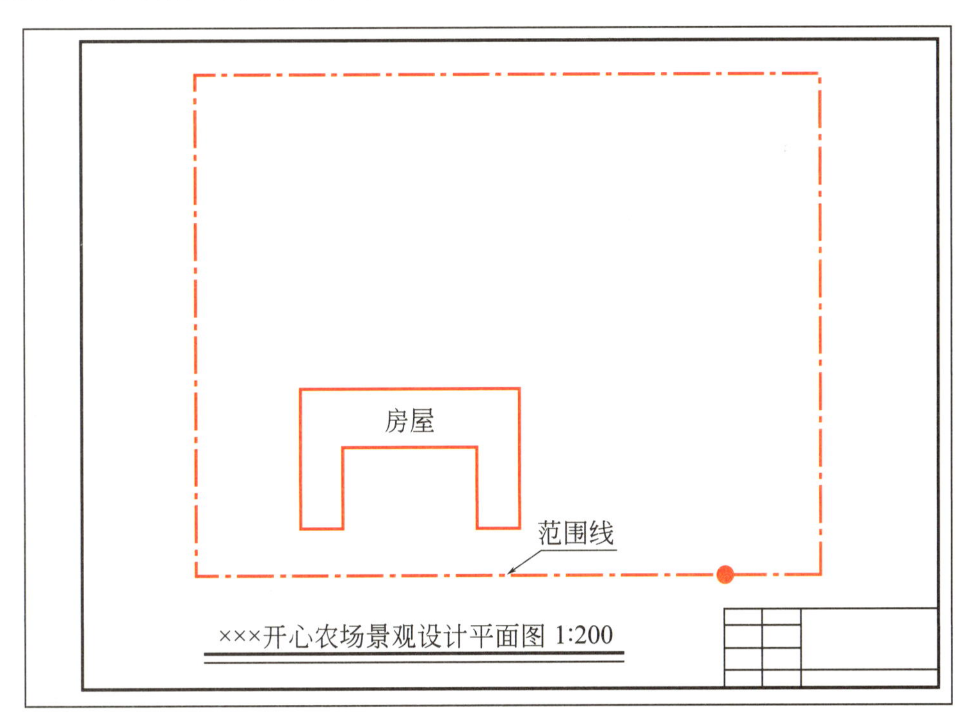

图 8-6 ××× 开心农场景观设计平面图

单元九

度假村景观设计

学习目标

- 了解度假村景观的基本概念，掌握度假村景观设计的内容。

任务学习

课题一　度假村景观的基本概念与设计要求

一、基本概念

度假村是指一个用作休闲娱乐的建筑群，通常是由一间独立公司营运，但也有数个集团合作经营的。为了让客人们在假日时可享受假期，度假村内通常设有多项设施以应付客人的需要，如餐饮、住宿、体育活动、娱乐、购物等。

二、设计要求

度假村根据依托的旅游资源进行设计，度假酒店有海滨、森林、滨湖、温泉、高尔夫、草原、谷地深坑（利用天然或人工谷地、深坑地形建造）等类别，资源不同，其休闲娱乐功能和环境景观表现也不同。

1. 游线与道路

酒店的室外造景主要是通过游路、桥梁、栈道来组织游线，在重要节点处建造亭、廊、观景平台来供游人驻足观赏与休憩，但这些要素需要与娱乐项目相结合来赋予场景生命力，使其变得更加活跃。景观道路一般采用仿自然石材或木质材料，营造自然野趣的意境；植物景观是在尊重原有植被的基础上，对重点景区进行景观提升。

2. 丛林生活

丛林是自然的象征，而丛林生活则是一种回归。对于勇者，拓展、野外生存等是很好的选择，而对于大众来说，生态环境下的品位生活更值得拥有。觅一块清净之地露营或是在木屋、树屋住下，在森林书吧、餐吧或者氧吧中休闲，到林中的湖泊旁垂钓或戏水，非常的惬意。可以植物造景，利用大乔木将丛林生活与道路分割，避免喧闹，应在附近配套服务设施，让游客更为方便，如图 9-1 所示。

图 9-1　丛林景观

3. 设计私密性与舒适性

应须充分利用周围的起伏地形，通过乡村景观减少视觉冲击和房间之间的对视。这就要求在景观设计中充分考虑观景房的通透性与游客活动的私密性，客房和公共空间应面对海景或其他核心景观，提供开阔的视野，别墅花园、会议场所则要营造私密、安静的环境，同时可利用植物的多样性来创造丰富的景观层次，用灯光效果制造优美的夜间视觉环境。用滨海植物营造滨海度假的氛围，充分考虑植物的多样性。利用高大植物制造适宜的遮阳效果；利用乔、灌、花草结合创造丰富的景观层次。同时要创造由不同灯光制造的优美的夜间视觉环境。

（1）度假酒店的整体风格可通过园路的铺砖、建筑、小品所携带的符号来表现。

（2）水体空间按其状态可分为静态水体和动态水体。在度假酒店的景观设计中可依据地形将水体布置为湖、塘、池、泉、溪等形式。利用地形的高差形成一定宽度的溪流是进行漂流运动的良好资源；在平坦地段小面积蓄水形成的池、塘等地可进行垂钓或作为亲水游乐区；大面积的蓄水形成的湖面适合游人泛舟、采莲。

（3）水体设计和空间塑造要善于把握水体造型和水面形状，利用透视的原理，加强水体空间的深远和水面的宽阔。而水、陆结合酒店建筑及倒影形成曲延萦回、虚实结合的景观设计更会使人产生无穷无尽的幻觉，引人入胜。 在中心水景区周围设计亲水台、草地、沙滩，为游人提供亲水空间；也可在水体中种植荷花、睡莲和水生禾草，形成丰富的水面景观，同时养水鸟、鹅鸭嬉戏其间，极富情趣，也使水面环境更富有生气。水体中布置岛屿或水中陆地，再设堤、廊等形成具有离心和扩散空间的特性，使水体与空间巧妙结合，如图 9-2 ～图 9-7 所示。

（4）对于度假区的山地、坡地，应合理利用，如开展生态休闲、观光类项目，尤其是开阔缓坡的丘陵地带，利用价值很高，如可建造高尔夫球场——利用天然的地形，保留天然缓坡和水面，作为球场屏障。

图 9-2 亲水平台

图 9-3 水体中种植荷花

图 9-4 水中养动物

图 9-5 沙滩

图 9-6　水边设堤

图 9-7　水边设廊

课题二　度假村案例——涵田度假村

涵田度假村主要表现形式为酒店，位于江苏天目湖，群山傍水，被誉为长三角最后一泓净水之池，如图 9-8 所示；空气质量达国家一级，负离子含量超出城市 15 倍；水质达国家二级饮用水标准，被评为国家 4A 级风景区。涵田度假村占地 2.41 平方公里、包含 6 大板块 28 种休闲度假功能。景区内道路设计红黄蓝线，别具岛屿文化；景区内有水池、跌水，动静结合；湖边或草坪上设计亭、廊，还有沙滩与桥、荷花池与芦苇，乔木、灌木和草本合理搭配，竹与围墙巧妙结合。如图 9-9 ～图 9-18 所示。

图 9-8　湖景

图 9-9　休闲平台（一）

图 9-10　休闲平台（二）

图 9-11　休闲平台（三）

图 9-12　度假村水池

图 9-13　岛屿文化道路

图 9-14　睡莲

图 9-15　荷花

图 9-16　草坪与水景

图 9-17　指示牌

图 9-18　沙滩、木平台、亭

课题三　度假村景观设计实训作业

实训目的：进一步掌握度假村景观设计的内容。

实训要求：××× 度假村的景观设计项目位于某乡村，场地长 500 m，宽 700mm，周围均为农地，用地范围内地势平缓。根据度假村环境合理设计停车场地及周围景观，采用 A3 图框，设计一个比例为 1∶500 的度假村景观平面图。××× 度假村的景观设计项目现状图如图 9-19 所示。

实训方法：用 AutoCAD2010 软件绘制平面图。

实训步骤：

① 阅读实训要求。

② 度假村景观需要满足人们的功能和需求。

③ 分析度假村景观设计的要素。

④ 合理利用度假村设计要素进行设计。

实训标准：能够根据提供的设计项目图纸按照上述步骤完成一个具有一定特色的度假村景观平面图设计。

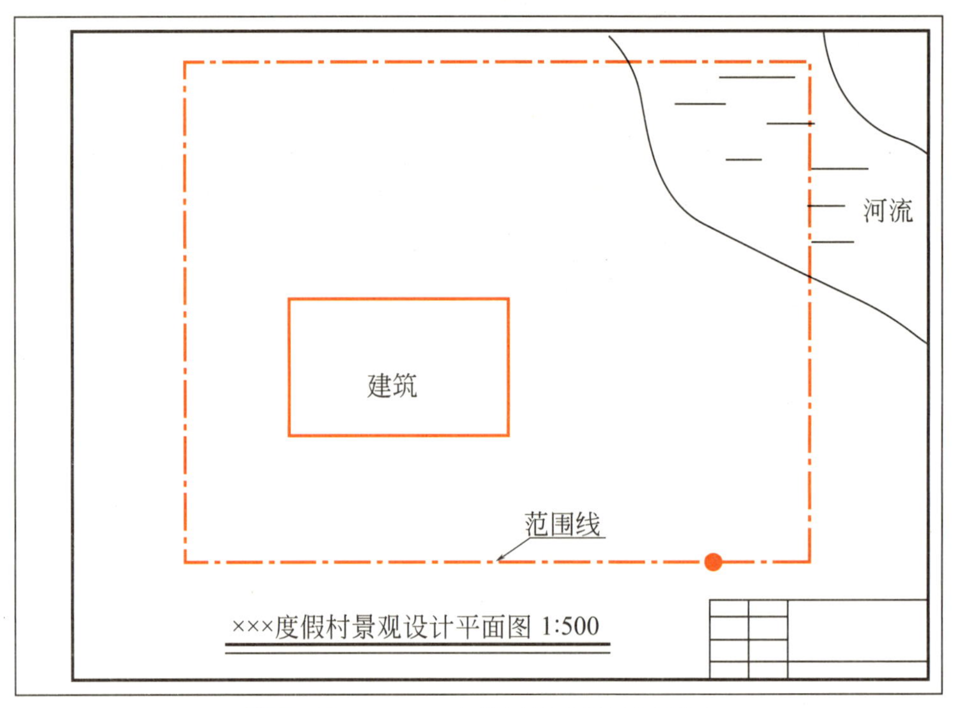

图 9-19　× × × 度假村景观设计平面图

模块三

乡村景观设计发展

单元十

乡村景观建设的现状、存在的问题及应对策略

学习目标

- 了解乡村景观建设的现状，乡村景观建设存在的问题，乡村景观的应对策略。

任务学习

课题一　我国乡村景观建设的现状

一、我国对乡村景观的研究比较少

与国外的乡村景观研究相比，国内乡村景观的研究起步较晚，它起源于乡村地理学。随着研究的深入，已经发展为一门独立的学科。我国对乡村景观的研究主要是从传统的乡村地理学、土地利用规划、景观生态学、乡村文化景观等方面进行的，研究的主要内容包括农业景观、乡村生态、城乡交错景象、乡村文化景观等。同时，我国对乡村景观的研究主要集中于农田景象格局与变化、土地资源利用、乡村聚落、景观资源评价与模型、农村城镇化等方面，其中聚落景观和乡村景观评价研究是我国乡村景观研究的两个主要内容。

二、人类活动加剧了对我国乡村景观自然生态的破坏程度

进入 21 世纪之后，我国的城市化进程不断加快，对我国的乡村景观及农业产生了非常重要的影响。当前，我国多数地区的乡村处于从传统农业到现代农业的转型之中，我国乡村景观中部分地区自然生态被人类活动破坏的程度不断加

剧，这对我国乡村景观的发展产生了不利的影响。许多人已经认识到合理开发乡村景观的重要性。

课题二　我国乡村景观建设存在的问题

一、观念认识落后，亟待全面调整

伴随着城市生活方式的影响，村民开始对城市生活进行模仿，乡村建设城市化的倾向日益严重，乡村景观、乡土文化风貌受到前所未有的冲击，一味求新求洋，到处是大马路、欧式建筑，乡村的地方特色逐渐丧失。部分乡村将城市建设标准看成文明的唯一标准，忽略了传统的价值，造成自身乡土文化的逐渐消失，这是一个不良的发展倾向，已经开始引起专家和学者的重视。

乡村景观作为一种源于环境、文化自发形成的文化载体，在历史、社会和美学上的价值都是无法被取代的。目前乡村景观建设需要把握好时代特征，结合乡村传统文化和人文风尚，依托产业的发展，走出一条符合地域特色的创新之路。要落实这一目标，必须先理清目前出现的问题，发现问题并找到解决方案。

（一）乡村风貌被破坏

由于早期环境保护意识淡薄，我们的乡村发展经历过一段推山、削坡、填塘等野蛮破坏乡村风貌和自然生态的过程。而现在乡村景观的破坏往往是由于好大喜功，盲目追求宏观、气派，盲目学习城市的建设行为造成的。比如：水塘用封闭的石栏杆围得严严实实，大理石铺成的乡村广场、公园比比皆是，有历史的祠堂、古庙被水泥简单抹面、贴上瓷砖，新建筑在尺度和布局上都和传统的乡村聚落环境不相匹配等。在自然景观被破坏的同时，也逐渐破坏了乡村的文化景观，人与人之间的交流减少了，曾经热闹的节日景象也慢慢冷淡下来。破坏乡村风貌和自然生态等问题已经脱离了建设美丽乡村的初衷。因此，我们呼吁高水平、高质量、理性地建设乡村，不给未来留下遗憾。面对这样的情况，各地必须出台严格而详细的法律文件约束乡村盲目无序的建设。美英等发达国家在 20 世纪六七十年代就出台了一系列明确提出或强调保护乡村景观的法令，严格控制乡村建设活动，以保留纯正的乡村景观。

（二）行政意识主导设计

乡村振兴，规划先行。但在一些乡村，目前仍存在规划缺失缺位、规划随意变更、规划与实际需求不匹配等乱象。缺乏科学有效的乡村规划，正在一些地方让乡村振兴遭遇“绊腿”。具体表现在以下方面。

1. 脱离乡村实际

部分地区破坏乡村风貌的现象，归根究底还是由地方行政思想主导着，生搬硬套城市的设计方式，脱离乡村实际，僵硬地将城市的广场、铺装、绿化种植用于乡村景观设计之中。大公园、大广场、大亭子、喷泉成了当地政府的形象工程，而建成后往往因尺度过大而无人使用。另外，一些地区的设计师为迎合检查，在不尊重地域差异的情况下，野蛮设计建设，不深入调研、刚愎自用的情况屡屡发生。比如在一些乡村，草坪、灌木等城市绿化不加考虑地大量使用，结果带来了高昂的维护成本，往往建成之后就无人打理维护，最后杂草丛生；某些乡村水泥硬化过度，透水不足，导致地下水位下降等。国家投入大量资金来改善乡村的生活环境，起到了一定的正面作用，但如果不切实际，没有科学理性的指导，将会给乡村带来二次伤害，乡村的文化景观会被再一次破坏。值得借鉴的是，2016 年福建省住房和城乡建设厅下发《福建省财政厅关于做好美丽乡村建设有关工作的通知》(闽建村 [2016]2 号)，要求房前屋后除了一定的晒场外，提倡种菜、种树绿化，提倡使用地方乡土材料，营造地方特色的建筑，将农村建设得更像农村风貌。

2.“风貌改造”化妆运动

“风貌改造”指对建筑物外墙、屋顶进行改造，通过统一色调、图案、装饰构件来表现一定的地方特色和建筑传统。“风貌改造”化妆运动在一定时期取得了很大的成绩，使居住条件得到了极大的改善，消除了一些安全上的隐患，在一定程度上改善了乡村的视觉环境。但“穿衣戴帽”仅仅只是化妆式的运动，一些景观设施、外墙装饰件增加了墙体的载荷，会给建筑带来新的隐患。另外一些具有地方特色的旧建筑被抹上水泥、刷上涂料、贴上瓷砖，被不加区别地化妆成不伦不类的造型。一些亲身经历的村民对“风貌改造”感到困惑和不理解。政府主导的乡村环境建设应该以提高乡村的生活质量、延续文脉为目标，减少大拆大建，节约资源，将建设主体逐渐转为村民自发的社区团体，将大一统的改造模式变成更为精细的专项设计，在综合节能、给排水改造、空调室外机规范设置等方面给予技术支持，并研究协调相关的建设资金如何分担等问题。同时，加强对乡村居民正确的景观观念和美的宣传教育，激发乡民建设的主动性。

二、生态环境破坏严重，有待科学发展

乡村生态环境被破坏的一个主要表现是工业污染正由城市向农村转移。在有的地方政府主导者的观念里，一切发展都要为经济让路。在快速扩张过程中，不经过整体有效的规划、论证和设计，导致一些农田被无序化占用、环境水资源被

污染、生物生存环境被打乱，于是一些乡村的生态环境遭到了严重的破坏。

传统乡村由于生产力低下，生活节奏缓慢，经济自给自足，人们对于自然始终存有敬畏之心，对环境的破坏程度很小。随着工业技术的发展，部分地区自然环境受到了巨大的破坏，而且这个过程还在继续。在大发展的环境下，乡村的耕作方式也发生了变化，现代化的农业以机械化作业，大大提高了生产效率，同时杀虫剂、除草剂、膨化剂、催熟剂等化肥农药广泛使用，带来的是对生态环境的破坏，一些乡村污水横流、垃圾遍地、土壤裸露、水土流失严重。若不加控制将会不可逆转，使得生态系统无法自我修复。同时，一些乡村正经受着垃圾问题的困扰，令人触目惊心的“白色污染”（塑料制品）成为乡村的噩梦，乡村垃圾治理已经到了刻不容缓的地步，究其原因有以下几点：

1. 保护资金投入不足

我国的垃圾清运处理作为公益事业由政府统筹安排，垃圾处理建设资金由财政资金补贴，设施运营经费由当地自行解决。现阶段出现的情况是部分地方投入的设施运营经费严重不足，尤其是在一些经济欠发达地区，正常的运行都难以维持，这影响了农村垃圾处理的水平和效率。

2. 粗放式的农村垃圾管理模式

部分地区村民没有真正落实垃圾分类，一些村民直接把垃圾丢弃，有价值的垃圾并没有得到有效利用。四处乱扔的垃圾带来的是垃圾收集运输工作量大，技术缺乏、政府资金投入难以承受。不断扩容和新建的垃圾填埋场也难以承载如此巨大的处理工作，对环境也造成了很大的负面影响。

3. 村民的环境保护意识淡薄、卫生意识较为落后

部分村民有不讲环境卫生的不良习惯，缺乏基本的公德意识，只顾个人方便，乱倒、乱丢垃圾，有的村民认为，农村是这样的了，想怎样丢就怎样丢，哪里方便丢哪里，有垃圾池不堆，硬是要把垃圾放在垃圾池外。

三、乡村传统文化景观解体，尚需优化设计

民间风俗是一个地区世代传袭的、连续稳定的行为和观念，它影响着现代人的生活。地方民俗世代相传，强化了地区文化的亲和性和凝聚力，它是地区文化中最具特色的部分。梁漱溟曾经提到：“中国文化的根在农村”。乡村文化构成了中华文化鲜活和真实的生活方式。随着城镇化的急速发展，部分地区日常的生产生活方式被彻底改变。在市场经济下，一些村民认为传统的耕作方式已经不适合现代生活习惯，思想也日趋功利化。部分地区在重城市、轻乡村的情况下，强势的城市文化将乡村传统风俗文化不加筛选地抛弃。当传统的乡村生活方式被城市文明影响、改变时，人们又在重新审视自己的文化价值，反思和怀念曾经质朴的

乡村景观。

目前，部分年轻人在城市置业后不愿回到故乡，以宗族姓氏为主体的乡村文化结构便逐渐解体。互联网的发展使得交流便捷，同时也让村民远离乡村成了常态，年轻人逢年过节回家看望亲人，偶尔去到农村看看风景，品尝一下美食。新的乡村文化体系还没有建立，部分年轻一代的人已经选择离开乡村。同时，传统文化的保护面临诸多问题，比如浓郁的“商业化”色彩表现在乡村建设之中，当前部分乡村景观建设过多地追求经济效益，为了吸引游客，将乡村打造成为一个个的旅游点、生态园，往往在景观形式上追求新奇，村里的公共空间停满了游客的汽车，增多的汽车让村民失去安全感。同时，如周庄、丽江古城、香格里拉等地，由于旅游开发早，在当初缺乏导向和控制的情况下，过度地发展，使原住民将住房和铺面出租给外来商人经营，原住民外迁严重，导致传统地域文化丧失，传统村落逐渐空心化。

课题三　我国乡村景观建设的应对策略

乡村景观建设要在城乡一体化、可持续农业发展和农业产业化、在农村生态环境综合整治的背景下，运用整体设计和参与式规划方法，充分考虑长效、低耗、舒适，综合利用农村资源，维护农村乡土建筑和景观，建设良好的人居环境和景观，达到农村社会、经济、生态环境三位一体协调发展。

一、因地制宜，量力而行，提高资源利用效率

2005年11月12日建设部部长汪光焘在全国村庄整治工作会议上的讲话指出，不要把建设社会主义新农村，片面理解为大量投入资金建新村，大拆大建搞集中；片面理解为搞运动，不顾实效搞形式主义。因此，农村和谐的景观建设，首先应适应当地的经济条件和生产力发展水平，根据当地的施工技术、运输条件、建材资源等确定建筑方案与技术措施，尽可能做到因地制宜、就地取材，降低建造费用。

二、构建农村景观建设规划实施体系

乡村景观建设首先要明确指导思想和原则，根据当地具体情况和资金投资人，完成不同层次的规划，特别是县（市）、镇（乡）、村三级规划控制体系，并切实加强对规划的科学性论证和审批以及实施的监督。乡村景观建设规划是一项综合性工作，其综合性体现在两个方面。首先，农村景观建设涉及不同的学科和

部门，需要多学科的专业知识的综合应用和各部门的合作。其次，景观规划要求在全面分析和综合评价农村景观自然要素及基础设施的基础上，考虑社会经济的发展战略、人口问题，同时还要进行规划实施后对环境影响评价。具体包括以下几个阶段：①农村景观现状的问题分析。②确定整体方向、布局和发展战略，可以有多种方案。③农村景观建设技术的选择，确定社会和经济发展可接受的方案。④利益集团、方案制定者和不同部门之间对方案进行讨论，以确定未来情况的变化及方案实现办法。⑤建立完善的监督体系。

三、积极鼓励公众参与

参与式规划就是当地居民积极、民主地参加社区的发展活动，包括确定目标、制定政策、项目规划、项目实施以及评估活动，还包括参与分享发展成果。其根本目的是强调乡土知识、群众的技术与技能，鼓励社区成员自己做决策，实现可持续发展。参与式方法经过多年的摸索和实践，越来越受到农民和发展项目工作者的青睐。

四、加强景观价值观念的宣传

一些村民缺乏正确的景观观念，更不清楚居住环境和农村景观所具有的社会、经济、生态和文化价值。在乡村景观规划与建设兴起之际，应加强对村民的环境和景观价值的宣传与教育，使他们认识到农村景观建设规划不仅仅是改善生活居住环境和保护生态环境，更重要的是与他们自身的经济利益息息相关。通过乡村景观规划建设，利用各地乡村景观资源优势，可以发展乡村旅游等多种经济形式，增加乡村居民的经济收入。只有这样，才能激发乡村居民自觉地投入到乡村景观规划建设中去。

五、多渠道筹集资金

农村景观建设的资金应建立国家、企业、农民相结合的多元化投资机制，多渠道筹措资金，同时要建立资金使用监督机制。

六、加强乡村景观的监督和管理工作，制定乡村景观的法规和政策

良好的乡村景观依赖于严格的管理与维护。乡村景观目前出现的一些不文明现象，如垃圾随处可见、违章建筑乱搭乱建、村民自行拆旧房建新房等，这都是管理力度不够造成的。因此，各级政府需要成立相应的景观监督与管理机构。例如，浙江奉化滕头村于20世纪90年代初专门成立了国内唯一的村级环保

机构——滕头村环保委员会，在乡村景观的管理、维护与宣传方面起到了重要作用。这样不仅可以对影响乡村景观风貌的违法行为和建设加以制止，而且对于建成的乡村景观进行必要的维护与管理，保持良好的乡村田园景观风貌。目前，我国实行村镇规划的规范和技术标准体系，涉及乡村景观层面的内容非常有限。乡村景观研究还处于起步阶段，面对规划建设中出现的问题，不是村镇规划所能涵盖和解决的，需要制定有关乡村景观规划的法规和政策，建立农村景观管理条例，作为规划实践中执行的标准。

七、营造乡村精神文化内涵

乡村文化是中国人精神内涵的载体。陶渊明在《桃花源记》中描述："土地平旷，屋舍俨然，有良田、美池、桑竹之属。阡陌交通，鸡犬相闻。其中往来种作，男女衣着，悉如外人。黄发垂髫，并怡然自乐。见渔人，乃大惊，问所从来。具答之。便要还家，设酒杀鸡作食。"桃花源里蕴含着中国传统乡村精神的内涵，人们在其中其乐融融，生活无忧无虑，这是城市人向往的。乡村是当地风土文化的载体，人们去乡村除了观赏美景和品尝美味之外，更深层次的是对空间文化的认同、文化根的找寻，体会东方文化思想下乡村社会情感和生活方式的表达，以及人们对于自然和祖先的敬畏之心。在乡村景观设计中，对乡村文化的挖掘是首要任务，整合村落空间资源，构建文化认同与文化传承的一体化形态，才能上升到精神高度，营造乡村的灵魂，回归文化、回归生活、回归乡村的主体。真正的乡村精神并非是因循守旧，一成不变，而是基于现代性、基于文化生长的一种精神价值。乡村景观研究的意义在于从表面上的村庄改造，上升到真正意义上的传统复兴和延续，真正让乡村精神得到持续发展，让文化和历史文脉得以传承。

八、学习先进的经验

美国乡村的垃圾处理一般交由专业的垃圾公司，公司规模一般较小，村民住得分散，但是员工深入当地定期去各家收取垃圾，每家每户都有一个带轮子的垃圾箱，居民每天早晨送到公路边，由专车带走分类垃圾，每月收取一定的费用。以美国西雅图为例，按每个月 14 美元左右的标准，垃圾公司每户转运四桶垃圾，此后如果增加垃圾，按每桶 9 美元增收。经济的制约让西雅图市的垃圾量减少了 25% 以上。日本则制定了环境友好型农业发展战略，出台了一系列保护措施，战略主要包括减少化肥农药在环境中的使用；垃圾废弃物再生和利用，尤其是农业生产生活方面的垃圾利用，建立再生利用体系；建立有机农业发展战略，保证自然环境和农业生产的友好关系。和英国相似，日本政府对于从事绿色或者有机农业生产者给予不同比例的优惠或奖励，对于可持续发展的农业生产者给予相应的建设资金补贴和返税政策，充分调动了农业生产者的积极性，引导了他们的环保意识，保持了乡村景观的视觉美观和可持续性发展。

2003 年英国发布《能源白皮书》，首次提出“低碳”概念，低碳化相对于生态更加具有现代生活的特色。Vos,W. 和 Meekes,H. 认为，要实现欧洲乡村文化的可持续发展还必须意识到：富有的、稳定的社会需要的乡村景观应该具有多功能性；只有当地居民从文化景观的保护中获得利益时，农民才会进行景观保护；景观生态立法是关键问题，其次是带来收益，两者兼备才能带来持续稳定的乡村景观发展。当地管理者除了支持之外，适当放权，让地方自己解决问题是关键。我国苏州科技学院丁金华教授主持的苏州黎里镇朱家湾村乡村景观更新设计，首先引导建立乡村低碳化社区，优化水网体系设计，完善绿地系统，修补景观基底，重点再造乡村外部环境。其次是修建环保型公共厕所、生态村民活动中心，设计之中具有环保低碳的教育意义。我国第一个乐和家园作为低碳乡村的实践，2008 年四川地震之后，廖晓义率队利用社会资金共计 380 万元人民币，在大坪村建立了高质量的、节能低碳的 80 座生态民居、两座 120 平方米的乡村诊所、两座 400 平方米的公共空间，每户配套沼气、净化、污水处理池和一个包括垃圾分类箱和垃圾分类打包机在内的垃圾分类系统，同时还有 1 个手工作坊、4 个有机小农场和两个有机养殖场，将之前能源型的产业逐渐转化为生态农业、生态旅游。帮助农户和消费者建立点对点销售平台，建立远程的医疗服务，开设课程积极培育村民的低碳意识，乐和家园成了低碳乡村的可复制性样本。

巩固与练习

1. 乡村景观建设存在哪些现状？
2. 乡村景观建设存在哪些问题？
3. 乡村景观有哪些应对策略？

参考文献

[1] 王先杰.观光农业景观规划设计.北京：气象局出版社，2016.

[2] 黄铮.乡村景观设计.北京：化学工业出版社，2020.

[3] 付军.乡村景观规划设计.北京：中国农业出版社，2017.

[4] 郭雨，梅雨，杨丹晨.乡村景观规划设计创新研究.北京：中国水电水利出版社，2019.

[5] 白忠义.观光农业园区规划设计.北京：化学工业出版社，2017.